オールカラー

フリガナつき

文字が消える
赤シート対応

スピード合格！

原付免許 早わかり問題集

学科試験問題研究所【著】

永岡書店

CONTENTS

PART 1

絵《え》で見《み》て早《はや》わかり！
交通《こうつう》ルールの重要《じゅうよう》ポイントをスピード攻略《こうりゃく》

PART 2

傾向《けいこう》と対策《たいさく》を徹底分析《てっていぶんせき》！
本試験《ほんしけん》そっくりの実力養成《じつりょくようせい》テスト

本試験《ほんしけん》と同《おな》じ「正誤式《せいごしき》」の
解答用《かいとうよう》マークシートを使用《しよう》して、
テスト慣《な》れしておきましょう。

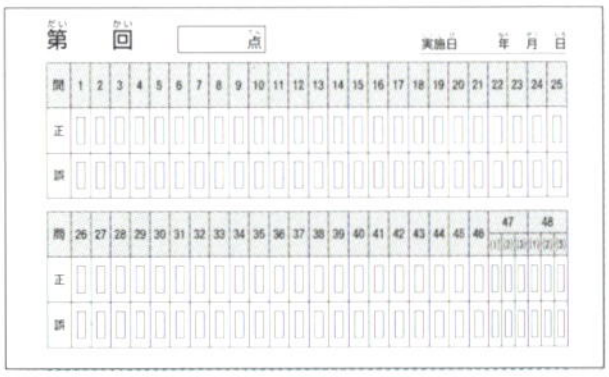

〈本書《ほんしょ》の使《つか》い方《かた》〉

本書《ほんしょ》では、学科試験《がっかしけん》の出題傾向《しゅつだいけいこう》と対策《たいさく》を分析《ぶんせき》し、出題率《しゅつだいりつ》の高《たか》い重要問題《じゅうようもんだい》を多数収録《たすうしゅうろく》。本試験《ほんしけん》と同《おな》じ形式《けいしき》の実力養成《じつりょくようせい》テストを解《と》くことで、スピード合格《ごうかく》に必要《ひつよう》な交通《こうつう》ルールの知識《ちしき》が効率《こうりつ》よく身《み》につく構成《こうせい》になっています。

本試験《ほんしけん》と同《おな》じオールカラー
標識《ひょうしき》・標示《ひょうじ》、イラスト問題《もんだい》ともすべてカラーで出題《しゅつだい》しています

すべての問題《もんだい》に解説付《かいせつつ》き
交通《こうつう》ルールの理解《りかい》がより深《ふか》まります

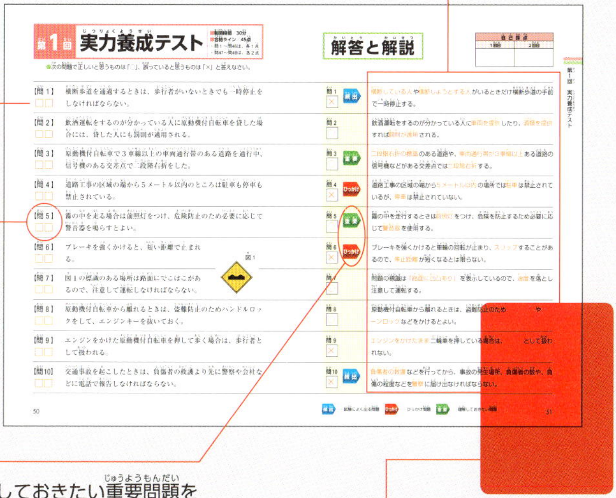

解答《かいとう》チェック欄《らん》
間違《まちが》えた問題《もんだい》をチェックして交通《こうつう》ルールを見直《みなお》しましょう

出題傾向《しゅつだいけいこう》マーク
しっかりマスターしておきたい重要問題《じゅうようもんだい》を

- 頻出《ひんしゅつ》「試験《しけん》によく出《で》る問題《もんだい》」
- ひっかけ「ひっかけ問題《もんだい》」
- 重要《じゅうよう》「理解《りかい》しておきたい難問《なんもん》」

に分類《ぶんるい》して表示《ひょうじ》

赤《あか》シートを使《つか》ってらくらく学《まな》べる
解答《かいとう》や重要《じゅうよう》ポイントを赤《あか》シートでかくせば、効率的《こうりつてき》に理解《りかい》し、覚《おぼ》えることができます

攻略《こうりゃく》ポイントコラム
実力養成《じつりょくようせい》テストの中《なか》で特《とく》にマスターしておきたいポイントをアドバイスしています

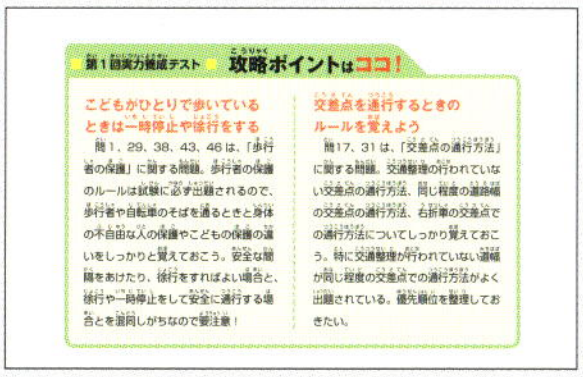

受験《じゅけん》に必要《ひつよう》な書類《しょるい》・受験資格《じゅけんしかく》

受験《じゅけん》の際《さい》には以下《いか》のものを持参《じさん》します。運転免許申請書《うんてんめんきょしんせいしょ》は間違《まちが》えないよう、見本《みほん》を見《み》てしっかり記入《きにゅう》しましょう。

①住民票《じゅうみんひょう》または免許証《めんきょしょう》

初《はじ》めて免許《めんきょ》を受《う》ける人《ひと》は住民票《じゅうみんひょう》（本籍《ほんせき》が記載《きさい》されているもの）及《およ》び本人確認書類《ほんにんかくにんしょるい》（健《けん》康《こう》保険《ほけん》被《ひ》保険者証《ほけんしゃしょう》、住民《じゅうみん》基《き》本台帳《ほんだいちょう》カード、パスポート、学生証《がくせいしょう》など）。

※都道府県《とどうふけん》により異《こと》なる場合《ばあい》がある。

小型特殊免許《こがたとくしゅめんきょ》などの運転免許証《うんてんめんきょしょう》を取得《しゅとく》している人《ひと》は、その免許証《めんきょしょう》が必要《ひつよう》。

②写真《しゃしん》

縦《たて》30mm×横《よこ》24mm、無帽《むぼう》・無背景《むはいけい》・胸上正面《むなうえしょうめん》で6カ月以内《げついない》に撮影《さつえい》したものを1枚用《まいよう》意《い》し、裏《うら》に氏名《しめい》と撮影年月日《さつえいねんがっぴ》を記入《きにゅう》する。

カラー・白黒《しろくろ》どちらでも可《か》。

③運転免許申請書《うんてんめんきょしんせいしょ》

運転免許試験場《うんてんめんきょしけんじょう》にある。

④受験料《じゅけんりょう》

住所地《じゅうしょち》の都道府県収入証紙《とどうふけんしゅうにゅうしょうし》を試験場内《しけんじょうない》の証紙《しょうし》売《う》りさばき所《じょ》で購入《こうにゅう》する。

詳《くわ》しい受験料《じゅけんりょう》は住所地《じゅうしょち》の運転免許《うんてんめんきょ》センターに確認《かくにん》する。

⑤印鑑《いんかん》

認印《みとめいん》で十分《じゅうぶん》。必要《ひつよう》のない受験地《じゅけんち》もある。

⑥卒業証明書《そつぎょうしょうめいしょ》

指定自動車教習所《していじどうしゃきょうしゅうじょ》の卒業者《そつぎょうしゃ》は技能試験《ぎのうしけん》が免除《めんじょ》される（卒業日《そつぎょうび》から1年以内《ねんいない》）。

受《じゅ》験《けん》資《し》格《かく》

原付免許《げんつきめんきょ》の受験資格《じゅけんしかく》は16歳以上《さいいじょう》である。下記《かき》の人《ひと》は原付免許《げんつきめんきょ》の受験《じゅけん》ができない。

❶政令《せいれい》で定《さだ》める次《つぎ》の病気《びょうき》にかかっている人《ひと》
- 幻覚症状《げんかくしょうじょう》を伴《ともな》う精神病者《せいしんびょうしゃ》
- 発作《ほっさ》による意識障害《いしきしょうがい》や運動障害《うんどうしょうがい》のある人《ひと》
- 自動車《じどうしゃ》などの安全《あんぜん》な運転《うんてん》に支障《ししょう》をおよぼすおそれのある人《ひと》

❷アルコール、麻薬《まやく》、大麻《たいま》、あへん、覚《かく》せい剤《ざい》の中毒者《ちゅうどくしゃ》

❸免許《めんきょ》を拒否《きょひ》された日《ひ》から起算《きさん》して、指定《してい》された期間《きかん》を経過《けいか》していない人《ひと》

❹免許《めんきょ》を保留《ほりゅう》されている人《ひと》

❺免許《めんきょ》を取《と》り消《け》された日《ひ》から起算《きさん》して、指定《してい》された期間《きかん》を経過《けいか》していない人《ひと》

❻免許《めんきょ》の効力《こうりょく》が、停止《ていし》または仮停止《かりていし》されている人《ひと》

学科《がっか》試験《しけん》の内容《ないよう》とは？

原動機付自転車免許試験《げんどうきつきじてんしゃめんきょしけん》では、以下《いか》のような試験《しけん》が行《おこな》われます。
また学科試験後《がっかしけんご》、講習《こうしゅう》があります。

学科試験《がっかしけん》

①出題範囲《しゅつだいはんい》	・原動機付自転車《げんどうきつきじてんしゃ》を運転《うんてん》するのに必要《ひつよう》な交通《こうつう》ルール ・安全運転《あんぜんうんてん》に関《かん》する知識《ちしき》 ・原動機付自転車《げんどうきつきじてんしゃ》の構造《こうぞう》や取《と》り扱《あつか》い
②解答方法《かいとうほうほう》	正誤形式問題《せいごけいしきもんだい》。問題《もんだい》を読《よ》んで、マークシート方式《ほうしき》の解答用紙《かいとうようし》（別紙《べっし》）の正《せい》か誤《ご》を塗《ぬ》りつぶす
③制限時間《せいげんじかん》	30分《ぷん》
④出《しゅつ》 題《だい》 数《すう》	・文章問題《ぶんしょうもんだい》46問《もん》（各《かく》１点《てん》） ・イラスト問題《もんだい》２問《もん》（各《かく》２点《てん》） ※イラスト問題《もんだい》は１問《もん》について３つの設問《せつもん》があり、すべてに正解《せいかい》しないと得点《とくてん》にならない
⑤合格基準《ごうかくきじゅん》	50点満点《てんまんてん》で、45点以上《てんいじょう》なら合格《ごうかく》 ※地域《ちいき》によって、100点満点《てんまんてん》の場合《ばあい》もある

原付免許《げんつきめんきょ》の試験《しけん》には、実技試験《じつぎしけん》がありません。その代《か》わり、原付講習《げんつきこうしゅう》を３時間《じかん》受《う》けることが義務付《ぎむづ》けられています。実際《じっさい》に原動機付自転車《げんどうきつきじてんしゃ》に乗《の》り、操作《そうさ》の仕方《しかた》などを指導員《しどういん》から教《おそ》わります。

〈スピード合格《ごうかく》のポイント〉

1 まぎらわしい法令用語《ほうれいようご》の意味《いみ》の違《ちが》いを理解《りかい》する

「駐車《ちゅうしゃ》」「停車《ていしゃ》」「追抜《おいぬ》き」「追越《おいこ》し」など、似《に》ていて定義《ていぎ》の異《こと》なる法令用語《ほうれいようご》には要《よう》注意《ちゅうい》。これらの言葉《ことば》が出《で》てきたら、意識《いしき》してその違《ちが》いを理解《りかい》しておきましょう。

2 「以上《いじょう》」「以下《いか》」「超《こ》える」「未満《みまん》」の違《ちが》いを押《お》さえる

数字問題《すうじもんだい》でよくひっかかるのが「以上《いじょう》」と「以下《いか》」、「超《こ》える」と「未満《みまん》」のついたまぎらわしい言葉《ことば》づかいの問題《もんだい》です。「以上《いじょう》」「以下《いか》」はその数値《すうち》を含《ふく》み、「超《こ》える」「未満《みまん》」は含《ふく》まないと覚《おぼ》えておきましょう。

3 あわてず、文章《ぶんしょう》をじっくり読《よ》む

文章問題《ぶんしょうもんだい》の中《なか》には、まぎらわしい文章表現《ぶんしょうひょうげん》が出《で》てきます。たとえば、「〜かもしれないので」「〜のおそれがあるので」などは、その意図《いと》を誤《あやま》って解釈《かいしゃく》すると反《はん》対《たい》の答《こた》えになることがあります。文章《ぶんしょう》は最後《さいご》までしっかり読《よ》みましょう。

4 「駐停車禁止場所《ちゅうていしゃきんしばしょ》」「最高速度《さいこうそくど》」「積載制限《せきさいせいげん》」など、数字《すうじ》は正《ただ》しく覚《おぼ》える

試験《しけん》には数字《すうじ》に関《かん》する出題《しゅつだい》が多《おお》くあります。よく出《で》てくる「1」「5」「10」「30」などの数字《すうじ》にまつわる交通規則《こうつうきそく》は、確実《かくじつ》に押《お》さえておきます。

5 問題文《もんだいぶん》に「必《かなら》ず」「すべての」などの強調《きょうちょう》があるときは要注意《ようちゅうい》！

文中《ぶんちゅう》で限定《げんてい》した言《い》い回《まわ》しに出合《であ》ったら、必《かなら》ずほかにあてはまるケースがないか、例外《れいがい》はないかを確認《かくにん》しましょう。

6 色《いろ》・形《かたち》・意味《いみ》が似《に》ている標識《ひょうしき》や標示《ひょうじ》は、違《ちが》いを考《かんが》えながらセットで覚《おぼ》える

標識《ひょうしき》や標示《ひょうじ》には、似《に》ている色《いろ》や形《かたち》、意味《いみ》を持《も》つものがあります。あいまいだと間違《まちが》いやすいので、似《に》たものどうしをセットにして、その違《ちが》いを覚《おぼ》えます。

7 イラスト問題《もんだい》では、あらゆる危険《きけん》を予測《よそく》する

「きっとこうなるだろう」という思《おも》い込《こ》みは要注意《ようちゅうい》。他者《たしゃ》（車《くるま》）、周囲《しゅうい》の動《うご》きに気《き》を配《くば》り、見《み》えないところにも細心《さいしん》の注意《ちゅうい》をはらいましょう。

PART 1

絵《え》で見《み》て早《はや》わかり！
交通《こうつう》ルールの
重要《じゅうよう》ポイントをスピード攻略《こうりゃく》

学科試験《がっかしけん》によく出《で》る交通《こうつう》ルールの
超重要《ちょうじゅうよう》ポイント＆ひっかけ問題対策《もんだいたいさく》のツボをアドバイス！
本番前《ほんばんまえ》にチェックして頭《あたま》の中《なか》を整理《せいり》しておけば
スピード合格間違《ごうかくまちが》いなし!!

攻略《こうりゃく》メニュー

- ☑押《お》さえておきたい！ 交通用語《こうつうようご》
- ☑交通《こうつう》ルールのポイント
- ☑迷《まよ》いやすい数字《すうじ》をチェック
- ☑迷《まよ》いやすい言葉《ことば》づかいをチェック
- ☑「原則《げんそく》」と「例外《れいがい》」に注意《ちゅうい》
- ☑覚《おぼ》えておきたいおもな標識《ひょうしき》
- ☑覚《おぼ》えておきたいおもな標示《ひょうじ》
- ☑イラスト問題《もんだい》の攻略《こうりゃく》ポイント

押《お》さえておきたい！　交通用語《こうつうようご》

試験問題《しけんもんだい》を解《と》くためには、出《で》てくる用語《ようご》をしっかりと理解《りかい》しておくことが重要《じゅうよう》です。まずは基本《きほん》となる用語《ようご》を覚《おぼ》えるようにしましょう。

道路《どうろ》に関《かん》する用語《ようご》

路側帯《ろそくたい》

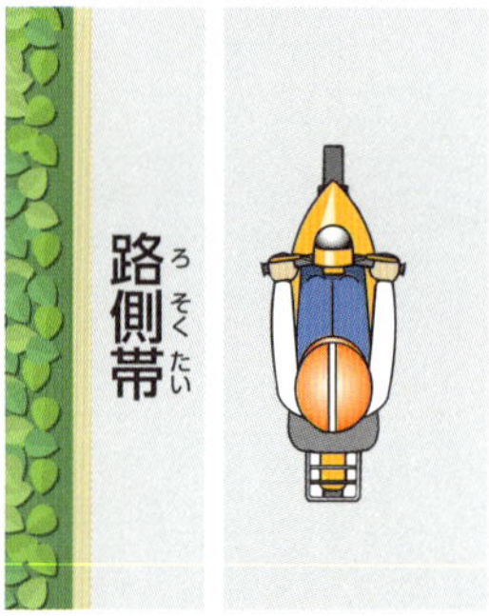

路側帯《ろそくたい》は、歩道《ほどう》が設《もう》けられていない道路《どうろ》（または設《もう》けられていない側《がわ》）において、道路標示《どうろひょうじ》によって区画《くかく》された歩行者用《ほこうしゃよう》の通路《つうろ》。

路肩《ろかた》

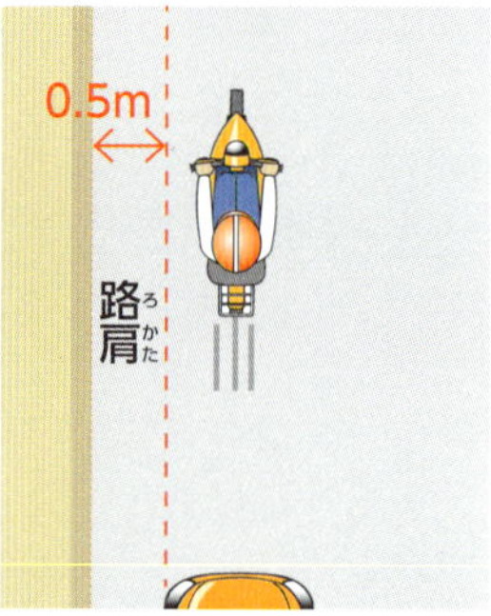

道路《どうろ》の保護《ほご》等《とう》のために、道路《どうろ》に設《もう》けられている、道路《どうろ》の端《はし》（路端《ろたん》）から 0.5m の帯状《おびじょう》の部分《ぶぶん》。

車両通行帯《しゃりょうつうこうたい》

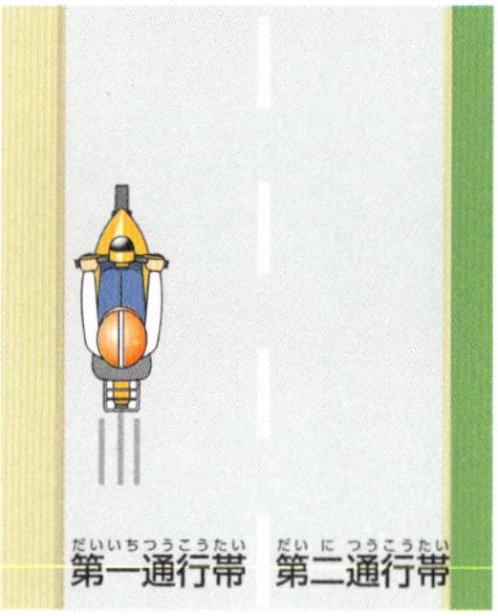

車《くるま》が通行《つうこう》する部分《ぶぶん》。表示《ひょうじ》によって示《しめ》されている。「車線《しゃせん》」や「レーン」ともいう。

歩道《ほどう》

歩行者《ほこうしゃ》の通行《つうこう》のため、縁石線《えんせきせん》やガードレール、柵《さく》などの工作物《こうさくぶつ》によって区分《くぶん》された部分《ぶぶん》。

車道《しゃどう》

歩行者用《ほこうしゃよう》の通路《つうろ》と車両用《しゃりょうよう》の通路《つうろ》とが区別《くべつ》されている道路《どうろ》における車両用《しゃりょうよう》の通路《つうろ》。

こう配《ばい》の急《きゅう》な坂《さか》

こう配《ばい》がおおむね10％（約《やく》6度《ど》）以上《いじょう》の坂《さか》（100m 進《すす》んで10m以上上下《いじょうじょうげ》する坂道《さかみち》）。

車《くるま》に関《かん》する用語《ようご》

車《くるま》など

車《くるま》と路面電車《ろめんでんしゃ》の総称《そうしょう》。

車《くるま》（車両等《しゃりょうとう》）

自動車《じどうしゃ》、原動機付自転車《げんどうきつきじてんしゃ》、軽車《けいしゃ》両《りょう》、トロリーバス。

自動車《じどうしゃ》

原動機《げんどうき》を用《もち》いて、レールや架線《かせん》なしで運転《うんてん》する車《くるま》（原動機付自《げんどうきつきじ》転車《てんしゃ》、自転車《じてんしゃ》、身体障害者用《しんたいしょうがいしゃよう》の車《くるま》いす、歩行補助車《ほこうほじょしゃ》は含《ふく》まない）。

軽車両《けいしゃりょう》

人《ひと》や動物《どうぶつ》の力《ちから》で走行《そうこう》する車《くるま》、動《どう》物《ぶつ》や車《くるま》に牽引《けんいん》される車《くるま》・そり、また牛《うし》や馬《うま》のこと。原動機《げんどうき》の付《つ》いていない車《くるま》は、おおむね軽車《けいしゃ》両《りょう》。

歩行者《ほこうしゃ》

道路《どうろ》を通行《つうこう》している人《ひと》（身体障《しんたいしょう》害者用《がいしゃよう》の車《くるま》いす、小児用《しょうにょう》の車《くるま》、歩行補助車《ほこうほじょしゃ》などに乗《の》っている人《ひと》も含《ふく》む）。

ミニカー

総排気量《そうはいきりょう》が 50cc 以下《いか》、または定格出力《ていかくしゅつりょく》 0.60kW 以下《いか》の原動《げんどう》機《き》を有《ゆう》する普通自動車《ふつうじどうしゃ》。

路面電車《ろめんでんしゃ》

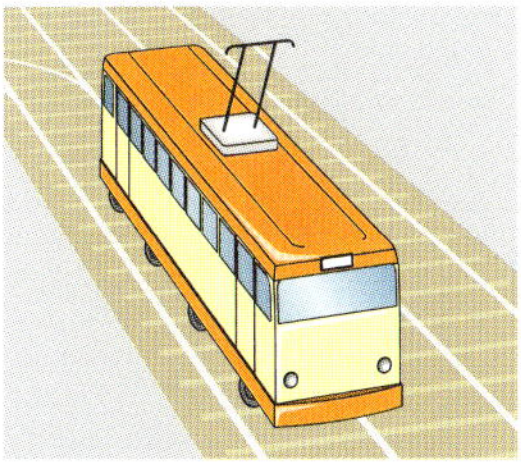

道路上《どうろじょう》に敷《し》かれた軌道《きどう》に乗《の》って走《はし》る電車《でんしゃ》のこと。例外《れいがい》もあるが、軌道《きどう》は道路《どうろ》の中央《ちゅうおう》に設《もう》けられることが多《おお》い。

路線《ろせん》バス等《とう》

路線《ろせん》バス、通学《つうがく》・通園《つうえん》バス、公《こう》安委員会《あんいいんかい》が認《みと》めた通勤《つうきん》バスなど。

緊急自動車《きんきゅうじどうしゃ》

赤色《あかいろ》の警光灯《けいこうとう》をつけて、サイレンを鳴《な》らすなど、緊急用務《きんきゅうようむ》のために運転中《うんてんちゅう》のパトカー、緊急用《きんきゅうよう》自動車《じどうしゃ》、消防用自動車《しょうぼうようじどうしゃ》など。

道路《どうろ》の設備《せつび》に関《かん》する用語《ようご》

標識《ひょうしき》

道路《どうろ》の交通《こうつう》に関《かん》して、規制《きせい》や指《し》示《じ》などを示《しめ》す標示板《ひょうじばん》。

標示《ひょうじ》

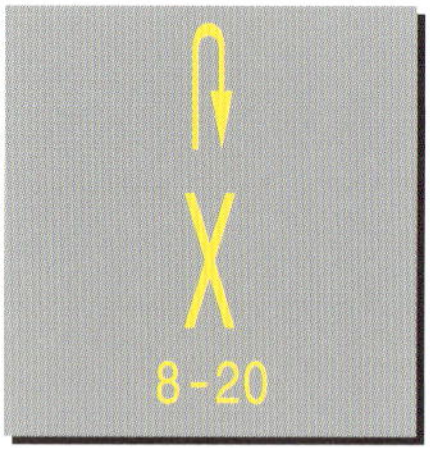

道路《どうろ》の交通《こうつう》に関《かん》して、規制《きせい》や指《し》示《じ》などのためにペイントや道路《どうろ》びょうなどで路面《ろめん》に示《しめ》された線《せん》や記号《きごう》、文字《もじ》。

信号機《しんごうき》

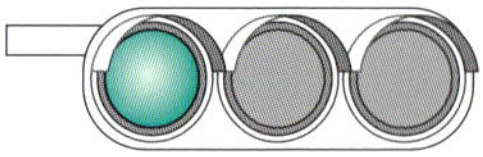

道路《どうろ》の交通《こうつう》に関《かん》して、電気《でんき》によって操作《そうさ》された灯火《とうか》により、交《こう》通整理《つうせいり》などのための信号《しんごう》を標示《ひょうじ》する。

軌道敷《きどうしき》

路面電車《ろめんでんしゃ》が通行《つうこう》するために必要《ひつよう》な道路《どうろ》の部分《ぶぶん》。レールの敷《し》いてある内側《うちがわ》とその両側《りょうがわ》0.61mの範囲《はんい》。

優先道路《ゆうせんどうろ》

「優先道路《ゆうせんどうろ》」の標識《ひょうしき》がある道路《どうろ》や、交差点《こうさてん》の中《なか》まで中央線《ちゅうおうせん》や車《しゃ》両通行帯《りょうつうこうたい》がある道路《どうろ》で、交差道《こうさどう》路《ろ》より優先《ゆうせん》して通行《つうこう》できる道路《どうろ》。

安全地帯《あんぜんちたい》

路面電車《ろめんでんしゃ》に乗《の》り降《お》りする人《ひと》や、道路《どうろ》を横断《おうだん》する歩行者《ほこうしゃ》の安全《あんぜん》を図《はか》るため、道路上《どうろじょう》に設《もう》けられた、島状《しまじょう》の施設《しせつ》や標識《ひょうしき》、標示《ひょうじ》によって示《しめ》された道路部分《どうろぶぶん》。

交差点《こうさてん》

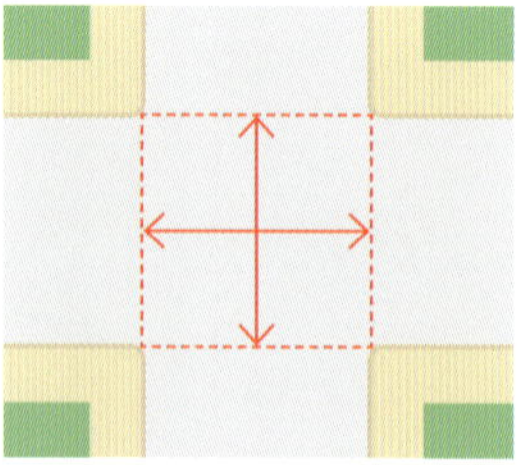

十字路《じゅうじろ》やＴ字路《じろ》などにおいて道《どう》路《ろ》（歩道《ほどう》が設《もう》けられている場合《ばあい》には車道《しゃどう》）が交《まじ》わっている部分《ぶぶん》。

環状交差点《かんじょうこうさてん》

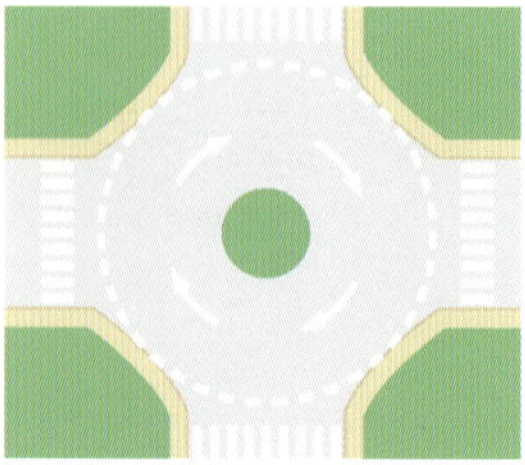

車両《しゃりょう》の通行部分《つうこうぶぶん》が環状《かんじょう》（ドーナツ状《じょう》）の交差点《こうさてん》。車両《しゃりょう》が右回《みぎまわ》りに通行《つうこう》することが定《さだ》められている。

立入《たちい》り禁止部分《きんしぶぶん》

車《くるま》が入《はい》ってはいけない標示部分《ひょうじぶぶん》。

その他《た》の用語《ようご》

交通巡視員《こうつうじゅんしいん》

警察職員《けいさつしょくいん》で、歩行者《ほこうしゃ》や自転車《じてんしゃ》の通行《つうこう》の安全確保《あんぜんかくほ》、駐停車《ちゅうていしゃ》の規制《きせい》や交通整理《こうつうせいり》などを行《おこな》う。警察官《けいさつかん》同様《どうよう》、指示《しじ》に従《したが》う。

車両総重量《しゃりょうそうじゅうりょう》

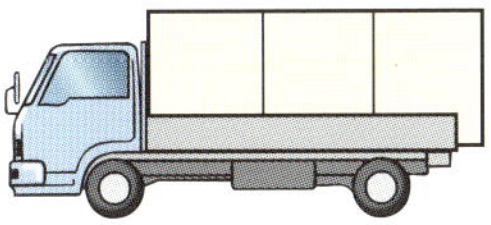

車《くるま》の重量《じゅうりょう》に最大積載量《さいだいせきさいりょう》と乗車定員《じょうしゃていいん》の重量《じゅうりょう》（1人《ひとり》55kgとして計算《けいさん》）を加《くわ》えた重《おも》さ。

総排気量《そうはいきりょう》

エンジンの大《おお》きさを表《あらわ》すのに用《もち》いられる数値《すうち》。数値《すうち》が大《おお》きいほど、その車《くるま》の馬力《ばりき》やトルクが大《おお》きくなる。

スタンディングウェーブ現象《げんしょう》

空気圧《くうきあつ》の低《ひく》いタイヤで高速走行《こうそくそうこう》を続《つづ》けたときに、路面《ろめん》から離《はな》れる部分《ぶぶん》に発生《はっせい》するタイヤの波打《なみう》ち現象《げんしょう》。現象《げんしょう》が起《お》きてそのまま走行《そうこう》をするとタイヤがバースト（破裂《はれつ》）する。

ハイドロプレーニング現象《げんしょう》

水《みず》で覆《おお》われた路面《ろめん》を高速《こうそく》で走行《そうこう》したときに、タイヤが水《みず》の膜《まく》の上《うえ》を滑走《かっそう》する現象《げんしょう》。

フェード現象《げんしょう》

ブレーキを使《つか》いすぎたときに、ブレーキ装置《そうち》が過熱《かねつ》してブレーキの効《き》きが悪《わる》くなる現象《げんしょう》。その他《た》ブレーキ故障《こしょう》にはベーパーロック現象《げんしょう》もある。

内輪差《ないりんさ》

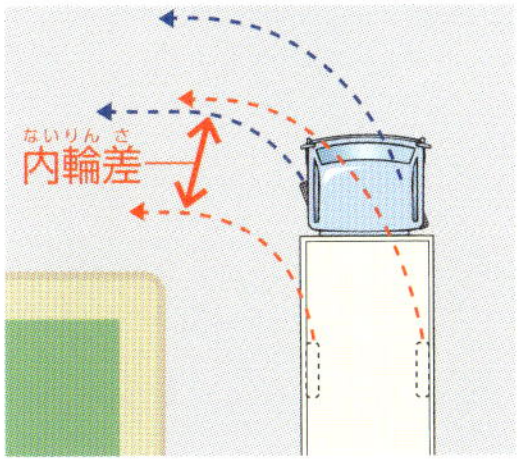

車《くるま》が曲《ま》がるとき、後輪《こうりん》が前輪《ぜんりん》より内側《うちがわ》を通《とお》ることによる前後輪《ぜんこうりん》の軌跡《きせき》の差《さ》。

徐行《じょこう》

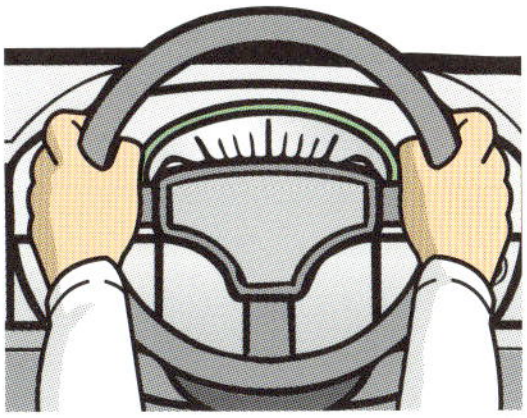

車《くるま》がすぐに停止《ていし》できそうな速度《そくど》の走行《そうこう》。ブレーキ操作《そうさ》をしてから停止《ていし》するまでの距離《きょり》がおおむね1m以内《いない》、時速《じそく》10km以下《いか》の速度《そくど》。

けん引《いん》

けん引自動車《いんじどうしゃ》で他《ほか》の車《くるま》を運《はこ》んだり、故障車《こしょうしゃ》などをロープやクレーンなどで引《ひ》っ張《ぱ》ったりすること。

交通《こうつう》ルールのポイント

いよいよ試験直前《しけんちょくぜん》！　万全《ばんぜん》を期《き》したつもりでも、不安《ふあん》はぬぐえないものです……。そんなとき、このページを最終《さいしゅう》チェックとして役立《やくだ》ててください。あやふやなところ、うろ覚《おぼ》え箇所《かしょ》をスッキリ整理《せいり》して、自信《じしん》を持《も》って試験《しけん》にのぞみましょう！

歩行者《ほこうしゃ》の保護《ほご》

●歩行者《ほこうしゃ》や自転車《じてんしゃ》のそばを通《とお》るとき

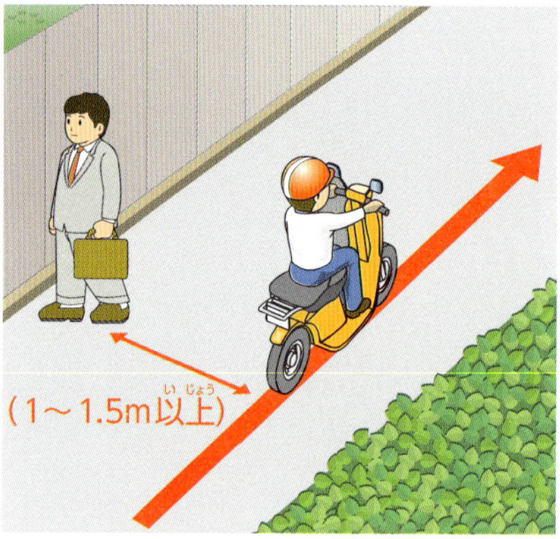

安全《あんぜん》な間隔《かんかく》（1～1.5m以上《いじょう》）をあける。

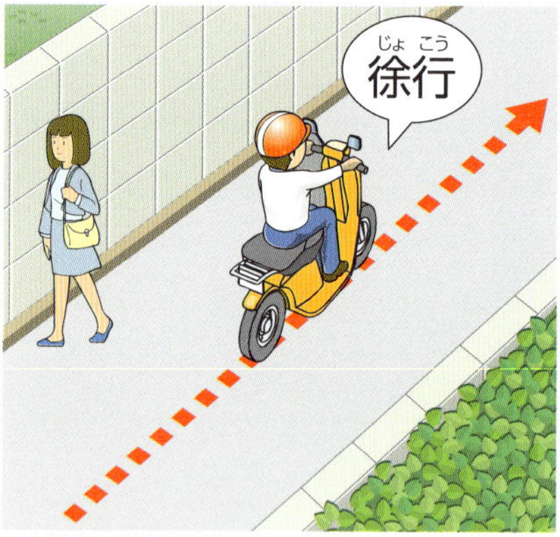

安全《あんぜん》な間隔《かんかく》をあけられない場合《ばあい》は徐行《じょこう》する。

●安全地帯《あんぜんちたい》のそばを通《とお》るとき

歩行者《ほこうしゃ》がいるときは徐行《じょこう》する。

歩行者《ほこうしゃ》がいないときはそのまま通行《つうこう》してよい。

※ 横断歩道《おうだんほどう》のないところで歩行者《ほこうしゃ》が横断《おうだん》しているときも、その歩行者《ほこうしゃ》の通行《つうこう》を妨《さまた》げない

停留所《ていりゅうじょ》で停《と》まっている路面電車《ろめんでんしゃ》のそばを通《とお》るとき

後方《こうほう》で停止《ていし》して、乗降客《じょうこうきゃく》や道路《どうろ》を横断《おうだん》する人《ひと》がいなくなるまで待《ま》つ。右《みぎ》の例外《れいがい》もあるので注意《ちゅうい》する。

徐行《じょこう》すれば通行《つうこう》できる例外的《れいがいてき》なケース

安全地帯《あんぜんちたい》があるところでは、乗降客《じょうこうきゃく》がいてもいなくても徐行《じょこう》する。

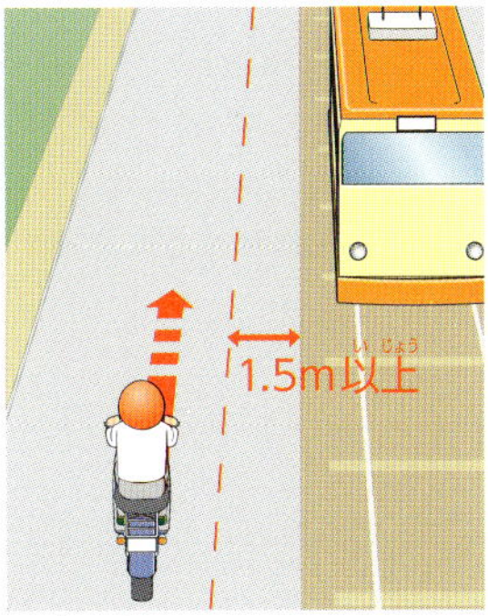

安全地帯《あんぜんちたい》がないところでは、路面電車《ろめんでんしゃ》との間《あいだ》に1.5 m以《い》上《じょう》の間隔《かんかく》があり、乗降客《じょうこうきゃく》がいなければ徐行《じょこう》しながら通行《つうこう》してよい。

ぬかるみや水《みず》たまりがある場合《ばあい》

徐行《じょこう》や停止《ていし》するなどして、歩行者《ほこうしゃ》に泥《どろ》や水《みず》をはねないように注意《ちゅうい》する。

停《と》まっている車《くるま》のそばを通《とお》るとき

急《きゅう》にドアが開《ひら》いたり、車《くるま》のかげから人《ひと》が飛《と》び出《だ》したりする場合《ばあい》があるので注意《ちゅうい》する。

子《こ》ども・体《からだ》の不自由《ふじゆう》な人《ひと》が歩《ある》いていたら

ひとり歩《ある》きしている子《こ》ども、身体障害者用《しんたいしょうがいしゃよう》の車《くるま》いす、白《しろ》か黄色《きいろ》のつえを持《も》った人《ひと》、盲導犬《もうどうけん》を連《つ》れた人《ひと》、通行《つうこう》に支障《ししょう》のある高齢者《こうれいしゃ》や身体障害者《しんたいしょうがいしゃ》

一時停止《いちじていし》か徐行《じょこう》して、歩行者《ほこうしゃ》が安全《あんぜん》に通行《つうこう》できるようにする。

乗降《じょうこう》のため停車中《ていしゃちゅう》の通学《つうがく》・通園《つうえん》バスのそばを通《とお》るとき

乗降《じょうこう》のため停車中《ていしゃちゅう》の通学《つうがく》・通園《つうえん》バスのそばを通《とお》るときは徐行《じょこう》して安全《あんぜん》を確認《かくにん》しなければならない。

車《くるま》が走行《そうこう》するところ

歩道《ほどう》との区別《くべつ》がある道路《どうろ》

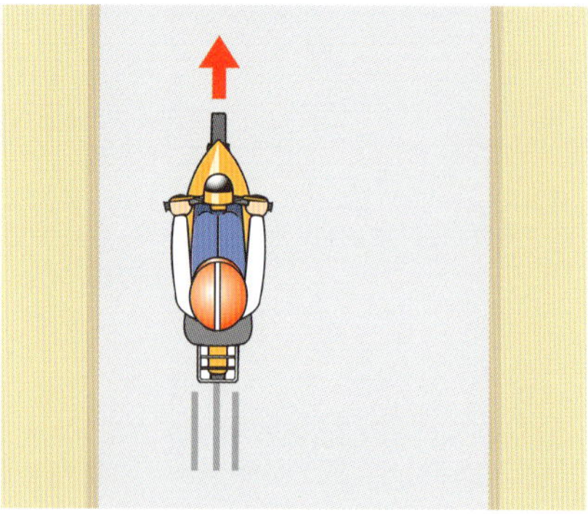

車《くるま》は、車道《しゃどう》を通行《つうこう》する。車《くるま》は道路《どうろ》の左側《ひだりがわ》の部《ぶ》分《ぶん》を通行《つうこう》しなくてはならない。

車両通行帯《しゃりょうつうこうたい》がある道路《どうろ》

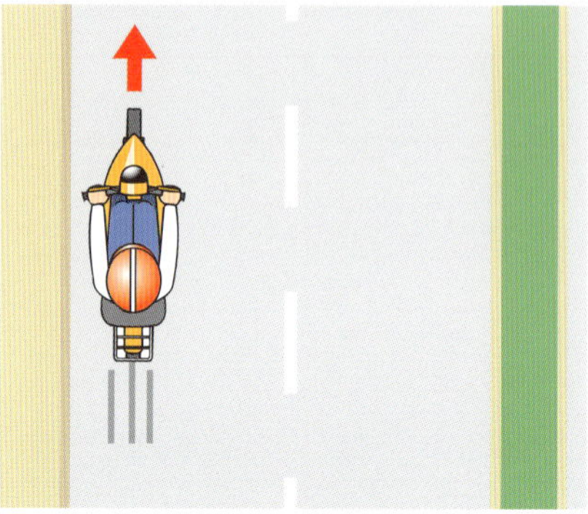

２つ以上《いじょう》の通行帯《つうこうたい》がある道路《どうろ》でも、原動機付《げんどうきつき》自転車《じてんしゃ》はもっとも左側《ひだりがわ》の通行帯《つうこうたい》を通行《つうこう》する。（右折《うせつ》、その他《た》やむを得《え》ない場合等《ばあいとう》を除《のぞ》く）

車両通行帯《しゃりょうつうこうたい》のない道路《どうろ》

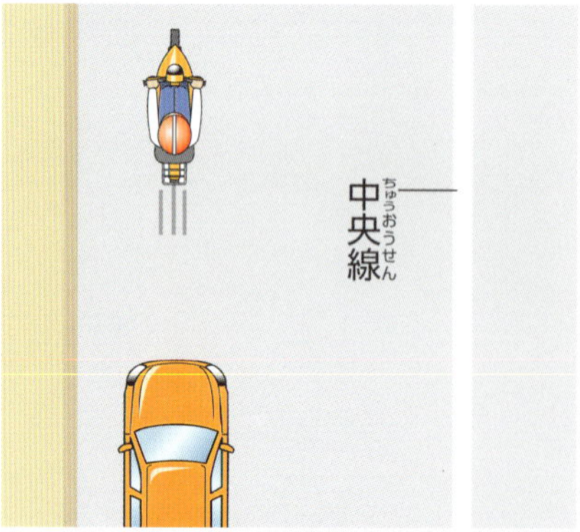

自動車《じどうしゃ》や原動機付自転車《げんどうきつきじてんしゃ》は、道路《どうろ》の左《ひだり》に寄《よ》って、軽車両《けいしゃりょう》は道路《どうろ》の左側端《ひだりそくたん》に寄《よ》って通行《つうこう》する。歩道《ほどう》のない道路《どうろ》では、自動車《じどうしゃ》（二輪《にりん》のものを除《のぞ》く）は路肩《ろかた》を通行《つうこう》してはならない。

※中央線《ちゅうおうせん》は、道路《どうろ》の片側《かたがわ》の幅《はば》が６m以上《いじょう》のときは白《しろ》の実線《じっせん》、６m未満《みまん》のときは白《しろ》の破線《はせん》と定《さだ》められている。
道路《どうろ》の片側《かたがわ》が６m以上《いじょう》のときは、右側《みぎがわ》にはみ出《だ》して追《お》い越《こ》しをしてはいけない。
※中央線《ちゅうおうせん》は道路《どうろ》の中央《ちゅうおう》にないこともある。
※路肩《ろかた》とは、道路《どうろ》の側端《そくたん》から0.5mの部分《ぶぶん》を指《さ》す。

標識《ひょうしき》・標示《ひょうじ》による通行区分《つうこうくぶん》が指定《してい》されている道路《どうろ》

自動車《じどうしゃ》は、それぞれの通行区分《つうこうくぶん》にしたがうが、原付《げんつき》は速度《そくど》が遅《おそ》いので、右折《うせつ》などやむを得《え》ない場合以外《ばあいいがい》は最《もっと》も左側《ひだりがわ》の通行帯《つうこうたい》を通行《つうこう》する。

右側《みぎがわ》にはみ出《だ》してもよい場合《ばあい》

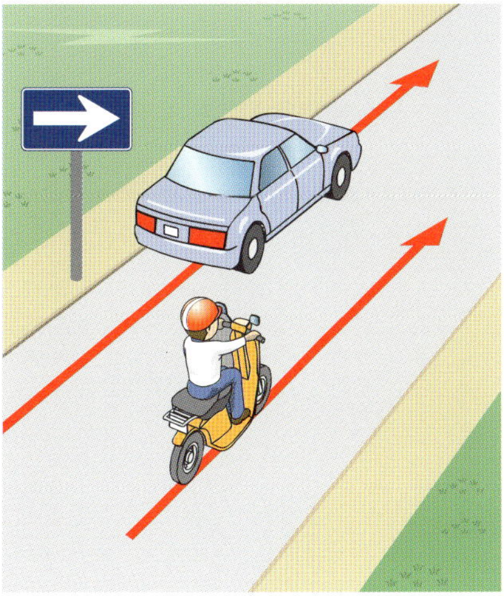

一方通行《いっぽうつうこう》になっている道路《どうろ》。

工事《こうじ》などのため、左側部分《ひだりがわぶぶん》だけでは通行《つうこう》するのに十分《じゅうぶん》な幅《はば》がないとき。

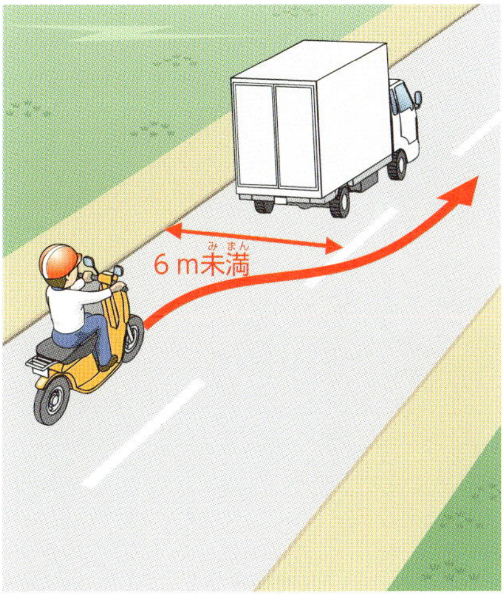

左側《ひだりがわ》の幅《はば》が6 m未満《みまん》の見通《みとお》しのよい道路《どうろ》で、ほかの車《くるま》を追《お》い越《こ》そうとするとき（標識《ひょうしき》・標《ひょう》示《じ》で追《お》い越《こ》しのための右側部分《みぎがわぶぶん》はみ出《だ》し通行《つうこう》が禁止《きんし》されておらず、反対方向《はんたいほうこう》からの交通《こうつう》を妨《さまた》げるおそれのない場合《ばあい》）。

こう配《ばい》の急《きゅう》な道路《どうろ》の曲《ま》がり角付近《かどふきん》で、右側通《みぎがわつう》行《こう》の標示《ひょうじ》があるとき。

※ 一方通行以外《いっぽうつうこういがい》は、キープレフトの原則《げんそく》により、できるだけはみ出《だ》し方《かた》を少《すく》なくする

車《くるま》が通行《つうこう》してはいけないところ

標識《ひょうしき》や標示《ひょうじ》で示《しめ》されている場所《ばしょ》

【通行止《つうこうど》め】

【車両通行止《しゃりょうつうこうど》め】

【歩行者専用《ほこうしゃせんよう》】

【立入《たちい》り禁止部分《きんしぶぶん》】

【安全地帯《あんぜんちたい》】

歩行者専用道路《ほこうしゃせんようどうろ》は通行禁止《つうこうきんし》

沿道《えんどう》に車庫《しゃこ》があるなどの理由《りゆう》で、特《とく》に通行《つうこう》を認《みと》められた車《くるま》（警察署長《けいさつしょちょう》の許可《きょか》を受《う》けた車《くるま》や緊急自動車《きんきゅうじどうしゃ》など）は通行《つうこう》できる。その場合《ばあい》は徐行《じょこう》して歩行者《ほこうしゃ》などに注意《ちゅうい》する。

渋滞時《じゅうたいじ》などでの交差点内《こうさてんない》、停止禁止部分《ていしきんしぶぶん》の標示内《ひょうじない》、踏切内《ふみきりない》、横断歩道《おうだんほどう》、自転車横断帯《じてんしゃおうだんたい》への進入《しんにゅう》は禁止《きんし》。二輪車《にりんしゃ》はエンジンを切《き》って押《お》して歩《ある》くと歩行者《ほこうしゃ》として扱《あつか》われる。

歩道《ほどう》、路側帯《ろそくたい》、自転車道《じてんしゃどう》

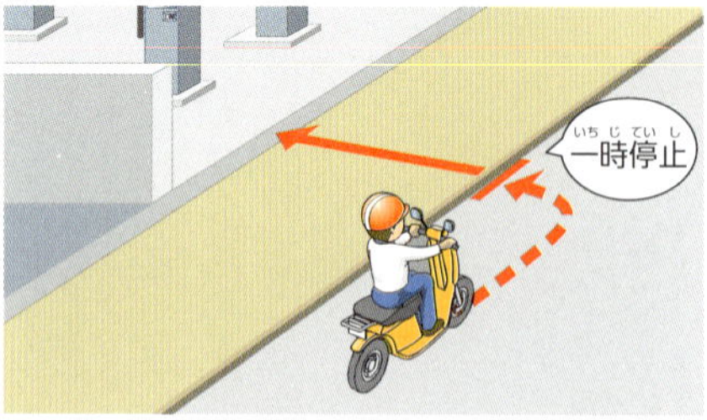

道路《どうろ》に面《めん》した場所《ばしょ》に出入《でい》りするために歩道《ほどう》、路側帯《ろそくたい》や自転車道《じてんしゃどう》を横切《よこぎ》ることは可《か》。歩行者《ほこうしゃ》がいてもいなくても歩道《ほどう》などの直前《ちょくぜん》で必《かなら》ず一時停止《いちじてい》し、歩行者《ほこうしゃ》の通行《つうこう》を妨《さまた》げない。

軌道敷内《きどうしきない》

右左折《うさせつ》、横断《おうだん》、転回《てんかい》のため横切《よこぎ》る場合《ばあい》や危険《きけん》を避《さ》けるなどやむを得《え》ない場合《ばあい》や、軌道敷内通行可《きどうしきないつうこうか》の標識《ひょうしき》がある場合《ばあい》に自動車《じどうしゃ》は、通行《つうこう》できる。

軌道敷内《きどうしきない》
通行可《つうこうか》

乗車《じょうしゃ》と積載《せきさい》の制限《せいげん》

乗車定員《じょうしゃていいん》

原動機付自転車《げんどうきつきじてんしゃ》の乗車定員《じょうしゃていいん》は1人《ひとり》（2人乗《ふたりの》りは禁止《きんし》）、子《こ》どもを背負《せお》って運転《うんてん》するのも禁止《きんし》。

重量制限《じゅうりょうせいげん》

重量制限《じゅうりょうせいげん》は120kg以下《いか》。リヤカーのけん引《いん》の許可《きょか》は都道府県《とどうふけん》によって異《こと》なるため、各《かく》都道府県《とどうふけん》の公安委員会《こうあんいいんかい》への確認《かくにん》が必要《ひつよう》。

荷物《にもつ》を積《つ》むとき

（バランスをくずさないように確実《かくじつ》にロープなどで固定《こてい》する）

高《たか》さ…地上《ちじょう》から2.0m以下《いか》

長《なが》さ…荷台《にだい》の長《なが》さ＋0.3m以下《いか》

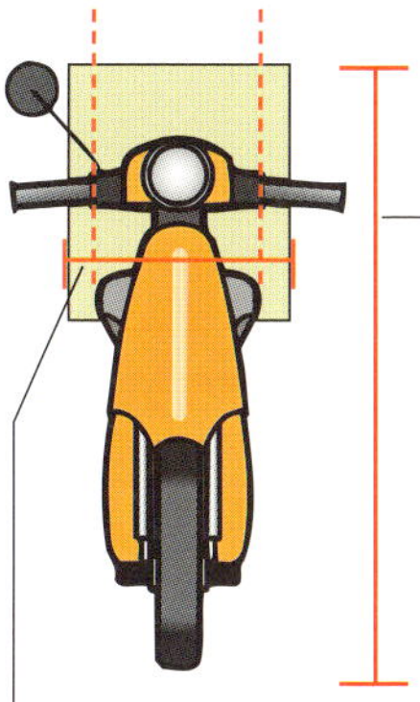

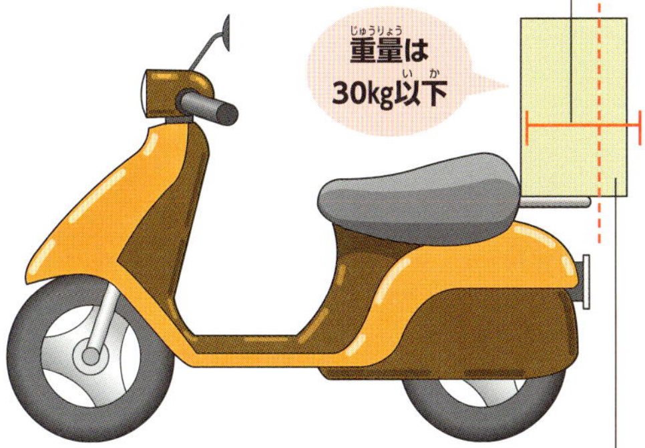

幅《はば》…荷台《にだい》の幅《はば》＋左右《さゆう》それぞれ0.15m以下《いか》

重《おも》さ…30kg以下《いか》

※ナンバープレートや方向指示器《ほうこうしじき》、制動灯《せいどうとう》、尾灯《びとう》などがかくれる積《つ》み方《かた》は禁止《きんし》

信号《しんごう》の種類《しゅるい》と走《はし》り方《かた》

青色《あおいろ》の灯火《とうか》

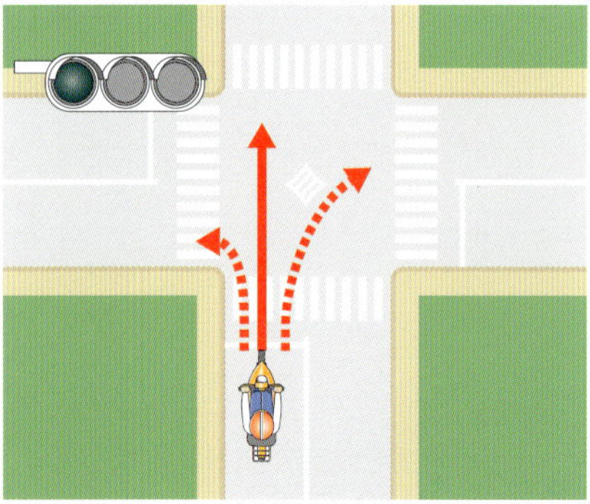

歩行者《ほこうしゃ》は進《すす》むことができる。車《くるま》、路面電車《ろめんでんしゃ》は直進《ちょくしん》・左折《させつ》・右折《うせつ》（二段階右折《にだんかいうせつ》の原付《げんつき》と軽車両《けいしゃりょう》は除《のぞ》く）することができる。
ただし、右折《うせつ》する場合《ばあい》は、青色《あおいろ》の灯火《とうか》にしたがって進《すす》んでくる車《くるま》や路面電車《ろめんでんしゃ》の進行《しんこう》を妨《さまた》げてはいけない。

原動機付自転車《げんどうきつきじてんしゃ》の二段階右折《にだんかいうせつ》の標識《ひょうしき》がある場合《ばあい》

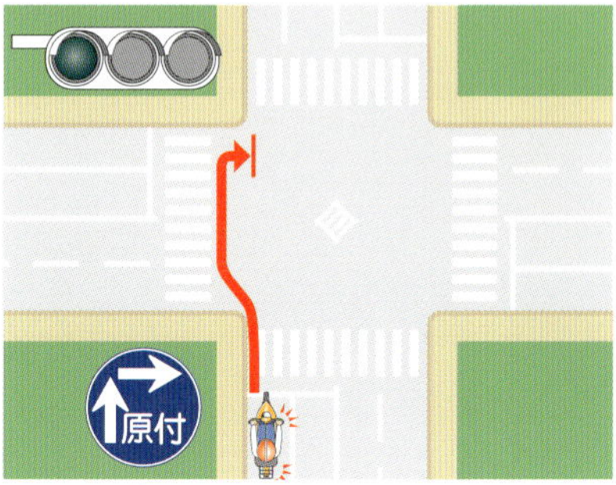

軽車両《けいしゃりょう》と原動機付自転車《げんどうきつきじてんしゃ》は、右折《うせつ》する地点《ちてん》まで直進《ちょくしん》し、その地点《ちてん》で向《む》きを変《か》えたあと、進《すす》むべき方向《ほうこう》の信号《しんごう》が青《あお》になるのを待《ま》つ。

（注）片側《かたがわ》３車線以上《しゃせんいじょう》の交通整理《こうつうせいり》が行《おこな》われている交差点《こうさてん》では、標識《ひょうしき》がなくても二段階右折《にだんかいうせつ》を行《おこな》う

黄色《きいろ》の灯火《とうか》

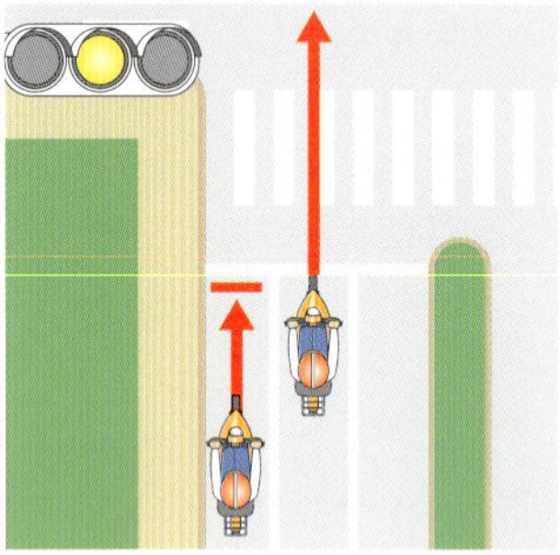

黄色《きいろ》に変《か》わったとき停止位置《ていしいち》に近《ちか》づいていて、安全《あんぜん》に停止《ていし》できない場合《ばあい》はそのまま進《すす》むことができる。

車《くるま》や路面電車《ろめんでんしゃ》は、停止位置《ていしいち》から先《さき》に進《すす》んではいけない。歩行者《ほこうしゃ》は横《おう》断《だん》を始《はじ》めてはいけない。横断中《おうだんちゅう》のときはすみやかに渡《わた》るか、横断《おうだん》をやめて引《ひ》き返《かえ》す。

赤色《あかいろ》の灯火《とうか》

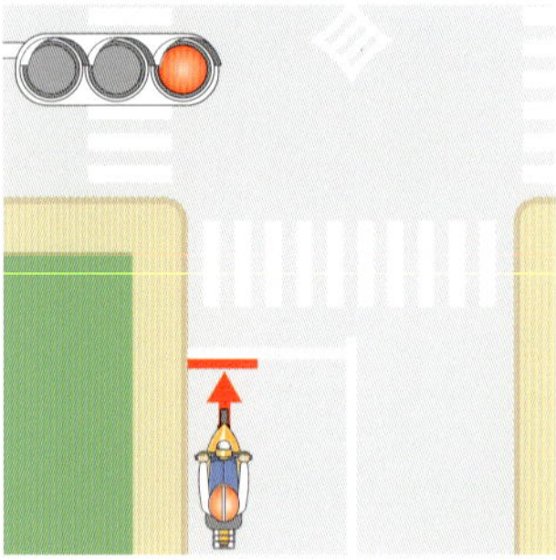

歩行者《ほこうしゃ》は横断《おうだん》できない。車《くるま》、路面《ろめん》電車《でんしゃ》は、停止位置《ていしいち》を越《こ》えて進《すす》んではいけない。ただし、交差点《こうさてん》ですでに左折《させつ》または右折《うせつ》しているときは、進行方向《しんこうほうこう》の信号《しんごう》が赤《あか》であってもそのまま進《すす》むことができる。

青色矢印《あおいろやじるし》の灯火《とうか》

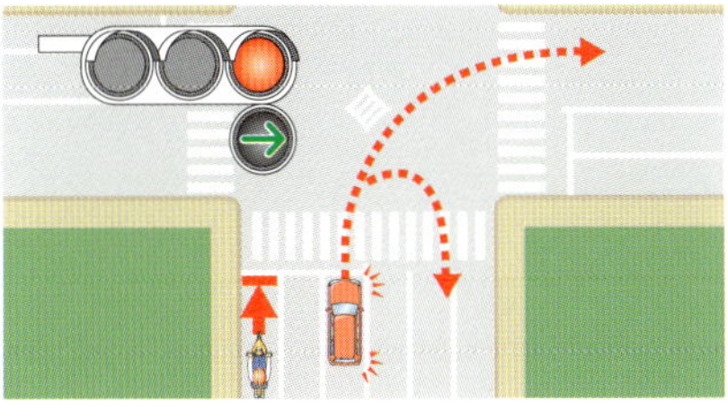

車《くるま》は矢印《やじるし》の方向《ほうこう》に進《すす》むことができる。右折《うせつ》の矢印《やじるし》の場合《ばあい》、右折《うせつ》に加《くわ》えて、転回《てんかい》することができる。ただし、軽車両《けいしゃりょう》と二段階《にだんかい》の右折方法《うせつほうほう》により右折《うせつ》する原動機付自転車《げんどうきつきじてんしゃ》は進《すす》むことができない。

※道路標識等《どうろひょうしきとう》で転回《てんかい》が禁止《きんし》されている交差点《こうさてん》や区間《くかん》では、転回《てんかい》できない

黄色矢印《きいろやじるし》の灯火《とうか》

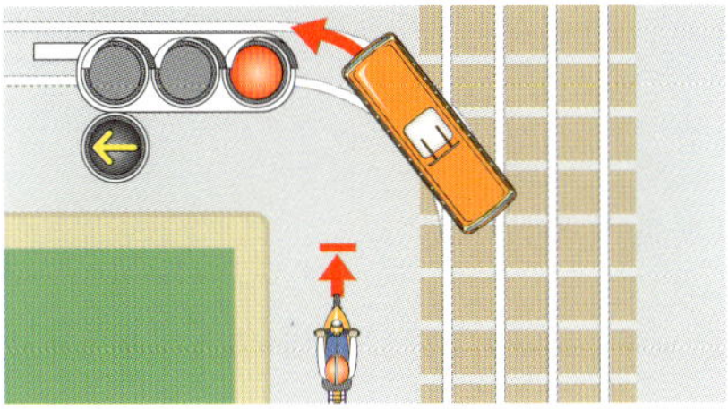

路面電車《ろめんでんしゃ》だけに対《たい》する信号《しんごう》なので、歩行者《ほこうしゃ》や車《くるま》は進《すす》むことができない。路面電車《ろめんでんしゃ》は矢印《やじるし》の方向《ほうこう》に進《すす》むことができる。

黄色灯火《きいろとうか》の点滅《てんめつ》

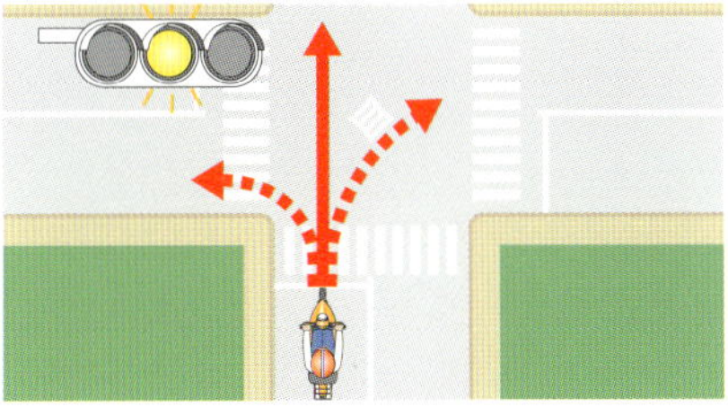

歩行者《ほこうしゃ》や車《くるま》、路面電車《ろめんでんしゃ》はほかの交通《こうつう》に注意《ちゅうい》して進《すす》むことができる。

赤色灯火《あかいろとうか》の点滅《てんめつ》

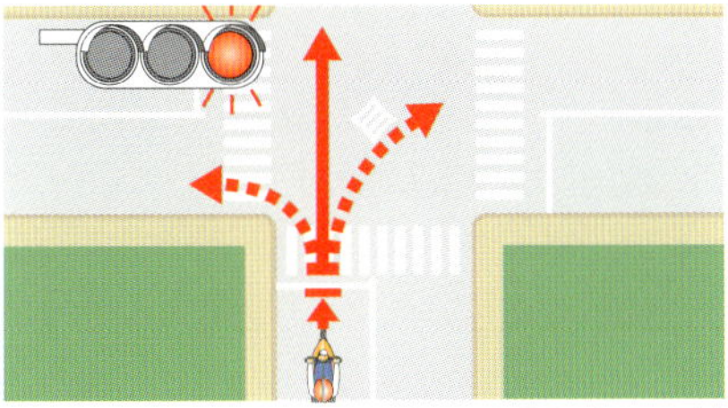

車《くるま》や路面電車《ろめんでんしゃ》は、停止位置《ていしいち》で一時停止《いちじていし》し、安全《あんぜん》を確認《かくにん》したあとに進《すす》むことができる。歩行者《ほこうしゃ》はほかの交通《こうつう》に注意《ちゅうい》して進《すす》むことができる。

「左折可《させつか》」の標示板《ひょうじばん》がある場合《ばあい》

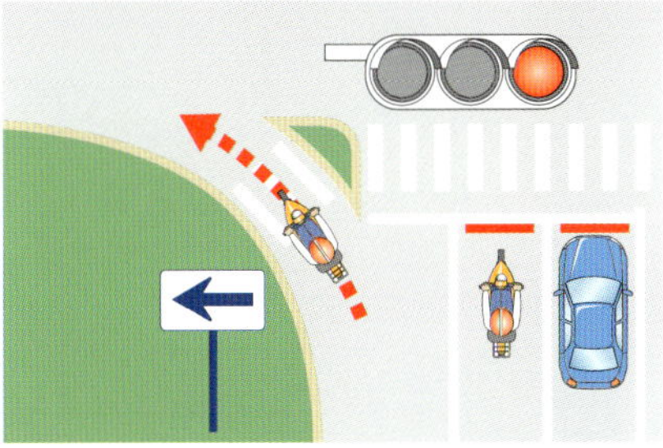

白地《しろじ》に青色《あおいろ》の、左向《ひだりむ》き矢印《やじるし》の標示板《ひょうじばん》があるときは、信号《しんごう》にかかわらず周《まわ》りの交通《こうつう》に注意《ちゅうい》して左折《させつ》できる。この場合《ばあい》、信号《しんごう》にしたがって横断《おうだん》している歩行者《ほこうしゃ》や自転車《じてんしゃ》などの通行《つうこう》を妨《さまた》げてはいけない。

停止線《ていしせん》がない場合《ばあい》の停止位置《ていしいち》

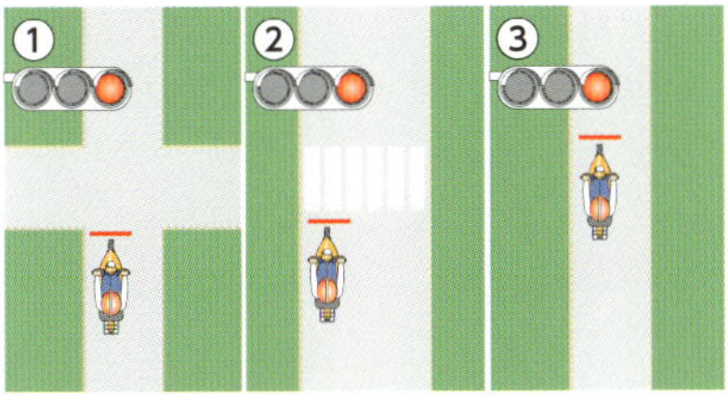

①交差点《こうさてん》ではその直前《ちょくぜん》

②交差点以外《こうさてんいがい》では、横断歩道《おうだんほどう》や自転車横断帯《じてんしゃおうだんたい》、踏切《ふみきり》があるところならその直前《ちょくぜん》

③それらがなく、信号機《しんごうき》だけがあるところでは信号《しんごう》の直前《ちょくぜん》（信号《しんごう》の見《み》える位置《いち》）

交差点《こうさてん》の通行《つうこう》ルール

左折《させつ》の仕方《しかた》と注意点《ちゅういてん》（環状交差点《かんじょうこうさてん》を除《のぞ》く）

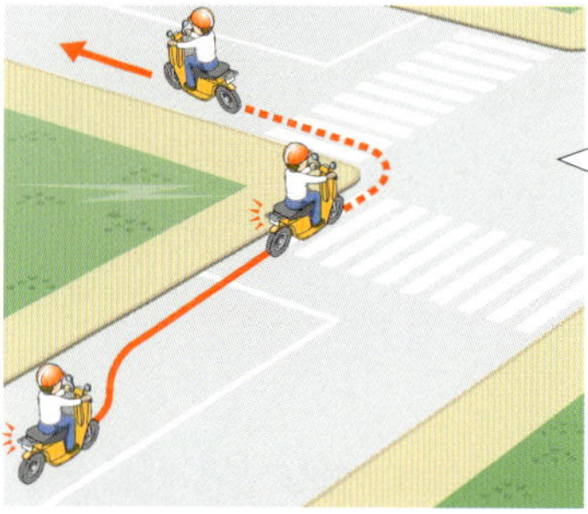

あらかじめ道路《どうろ》の左端《ひだりはし》にできるだけ寄《よ》り、交差点《こうさてん》の側端《そくたん》に沿《そ》って徐行《じょこう》する。

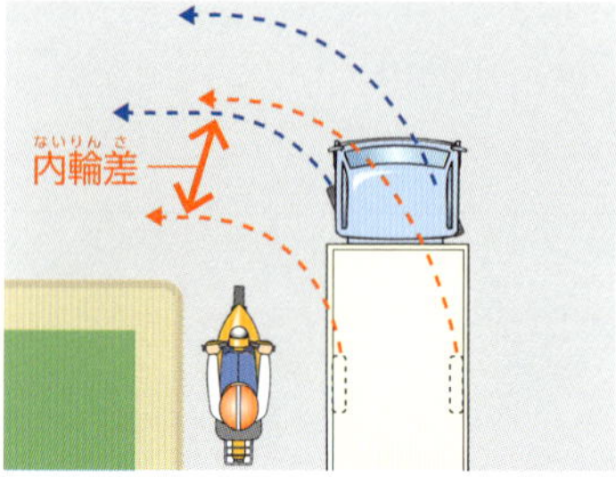

車《くるま》が右左折《うさせつ》するときは、内輪差《ないりんさ》が生《しょう》じるので、歩行者《ほこうしゃ》や自転車《じてんしゃ》、二輪車《にりんしゃ》などは巻《ま》き込《こ》まれないように注意《ちゅうい》する。右左折時《うさせつじ》はバックミラーだけの安全確認《あんぜんかくにん》では死角《しかく》を見落《みお》とすので、直接《ちょくせつ》目視《もくし》による確認《かくにん》が大切《たいせつ》。

右折《うせつ》の仕方《しかた》と注意点《ちゅういてん》（二段階右折《にだんかいうせつ》をしない場合《ばあい》）（環状交差点《かんじょうこうさてん》を除《のぞ》く）

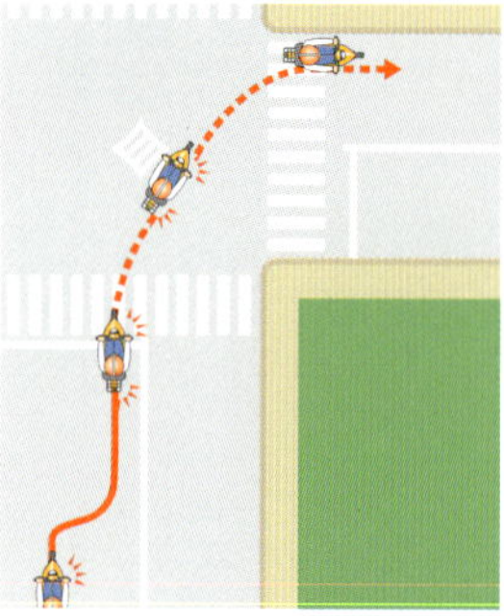

あらかじめ道路《どうろ》の中央《ちゅうおう》にできるだけ寄《よ》り、交差点《こうさてん》の中心《ちゅうしん》のすぐ内側《うちがわ》を徐行《じょこう》する。

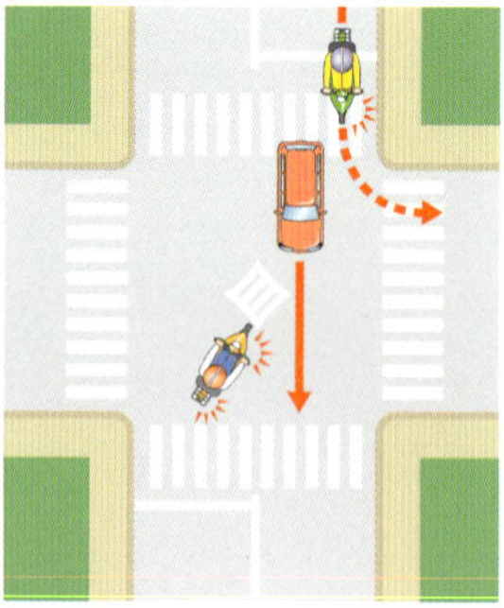

対向《たいこう》する直進車《ちょくしんしゃ》や左折車《させつしゃ》の進行《しんこう》を妨《さまた》げないように注意《ちゅうい》する。

一方通行《いっぽうつうこう》の場合《ばあい》（環状交差点《かんじょうこうさてん》を除《のぞ》く）

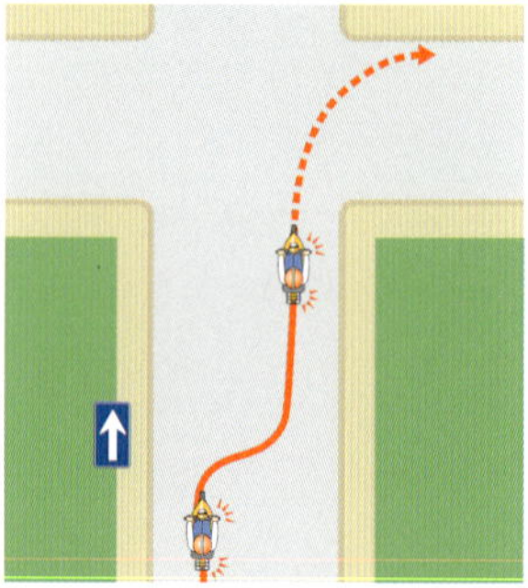

あらかじめ道路《どうろ》の右端《みぎはし》に寄《よ》り、交差点《こうさてん》の中心《ちゅうしん》の内側《うちがわ》を徐行《じょこう》しながら通行《つうこう》。

原動機付自転車《げんどうきつきじてんしゃ》が二段階右折《にだんかいうせつ》する場合《ばあい》（環状交差点《かんじょうこうさてん》を除《のぞ》く）

❶あらかじめ道路《どうろ》の左端《ひだりはし》に寄《よ》る。
❷交差点《こうさてん》の手前《てまえ》30mから右折《うせつ》の合図《あいず》を出《だ》す。
❸青信号《あおしんごう》を徐行《じょこう》しながら交差点《こうさてん》の向《む》こう側《がわ》まで直進《ちょくしん》する。
❹停止《ていし》し、右《みぎ》に向《む》きを変《か》えたら合図《あいず》をやめる。
❺前方《ぜんぽう》の信号《しんごう》が青《あお》になったら進《すす》む。

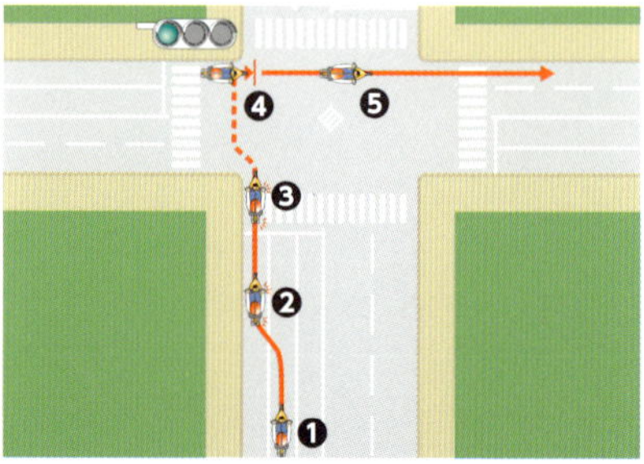

二段階《にだんかい》右折《うせつ》の方法《ほうほう》により右折《うせつ》する交差点《こうさてん》（環状交差点《かんじょうこうさてん》を除《のぞ》く）

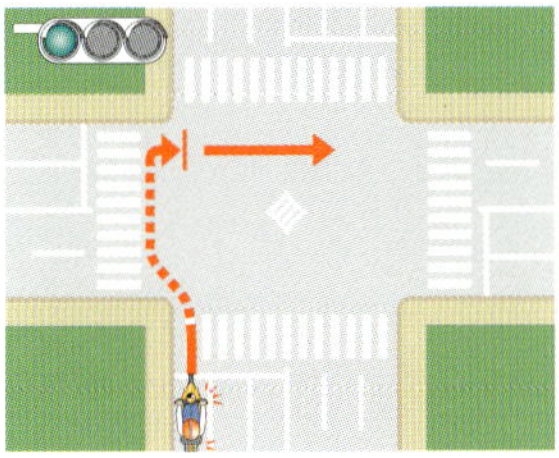

信号機《しんごうき》などのある、車両通行帯《しゃりょうつうこうたい》が３つ以上《いじょう》ある道路《どうろ》（片側《かたがわ》３車線以上《しゃせんいじょう》）の交差点《こうさてん》。

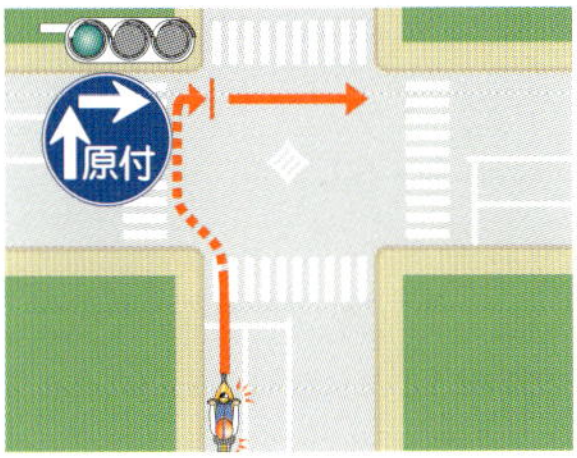

「原動機付自転車《げんどうきつきじてんしゃ》の右折方法《うせつほうほう》（二段階《にだんかい》）」の標識《ひょうしき》がある交差点《こうさてん》。

小回《こまわ》り右折《うせつ》の方法《ほうほう》（自動車《じどうしゃ》と同《おな》じ方法《ほうほう》）により右折《うせつ》する交差点《こうさてん》（環状交差点《かんじょうこうさてん》を除《のぞ》く）

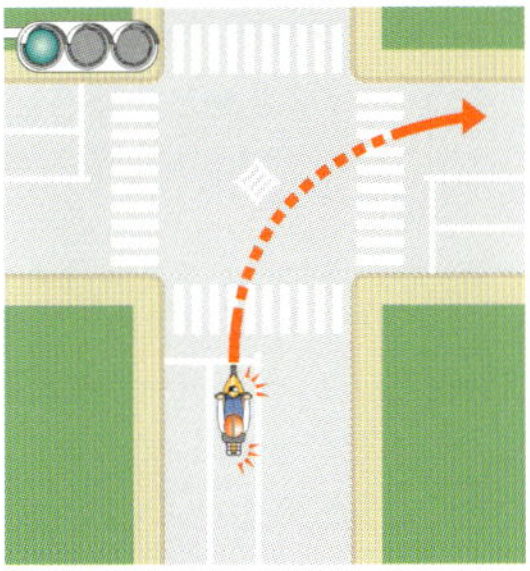

車両通行帯《しゃりょうつうこうたい》が２つ以下《いか》の交差点《こうさてん》。

車両通行帯《しゃりょうつうこうたい》が３つ以上《いじょう》あっても、「原動機付自転車《げんどうきつきじてんしゃ》の右折方法《うせつほうほう》（小回《こまわ》り）」の標識《ひょうしき》がある交差点《こうさてん》。

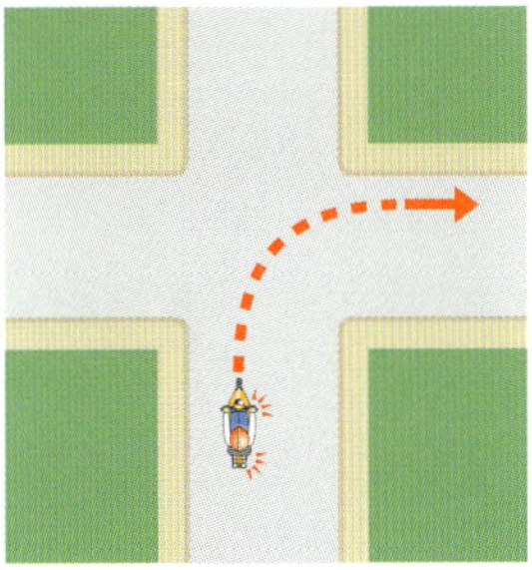

交通整理《こうつうせいり》が行《おこな》われていない道路《どうろ》の交差点《こうさてん》。

環状交差点《かんじょうこうさてん》の通行《つうこう》

環状交差点《かんじょうこうさてん》とは

図《ず》のように通行部分《つうこうぶぶん》が環状《かんじょう》（ドーナツ状《じょう》）の、右回《みぎまわ》りに通行《つうこう》することが指定《してい》されている交差点《こうさてん》。

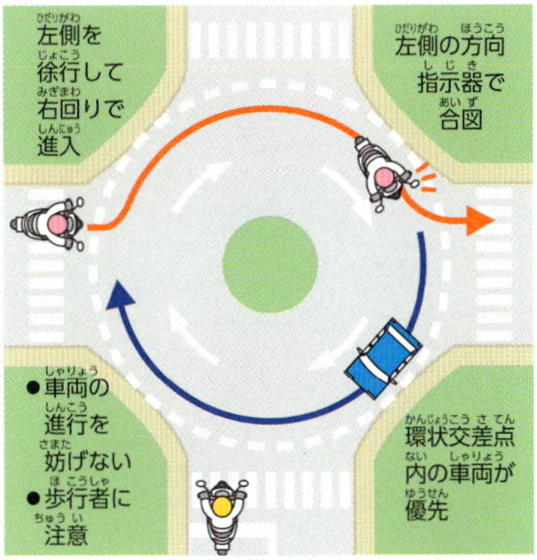

環状交差点《かんじょうこうさてん》に設置《せっち》される道路標識《どうろひょうしき》

環状交差点《かんじょうこうさてん》の通行《つうこう》の仕方《しかた》

❶環状交差点《かんじょうこうさてん》に入《はい》るときは、あらかじめ道路《どうろ》の左端《ひだりはし》に寄《よ》り、徐行《じょこう》して進入《しんにゅう》する（方向指示器《ほうこうしじき》の合図《あいず》は不要《ふよう》）。

❷環状交差点進入時《かんじょうこうさてんしんにゅうじ》は、横断歩行者《おうだんほこうしゃ》の通行《つうこう》や交差点内《こうさてんない》を通行中《つうこうちゅう》の車両《しゃりょう》の進行《しんこう》を妨《さまた》げてはならない。

❸環状交差点内《かんじょうこうさてんない》は、できるだけ交差点《こうさてん》の左側端《ひだりそくたん》に沿《そ》って、右回《みぎまわ》り（時計回《とけいまわ》り）に徐行《じょこう》して通行《つうこう》する。

❹環状交差点内通行中《かんじょうこうさてんないつうこうちゅう》は優先車両《ゆうせんしゃりょう》となる（左方《さほう》から環状交差点《かんじょうこうさてん》に進入《しんにゅう》する車《くるま》に優先《ゆうせん》して通行《つうこう》できる）。

❺環状交差点《かんじょうこうさてん》から出《で》るときは、出《で》る地点《ちてん》のひとつ前《まえ》の出口通過直後《でぐちつうかちょくご》に左折《させつ》の合図《あいず》をし、交差点《こうさてん》を出《で》るまで合図《あいず》を継続《けいぞく》する（進入直後《しんにゅうちょくご》の出口《でぐち》を左折《させつ》するときは進入後《しんにゅうご》ただちに合図《あいず》を始《はじ》める）。

信号《しんごう》のない交差点《こうさてん》の優先順位《ゆうせんじゅんい》

優先道路《ゆうせんどうろ》では（環状交差点《かんじょうこうさてん》を除《のぞ》く）

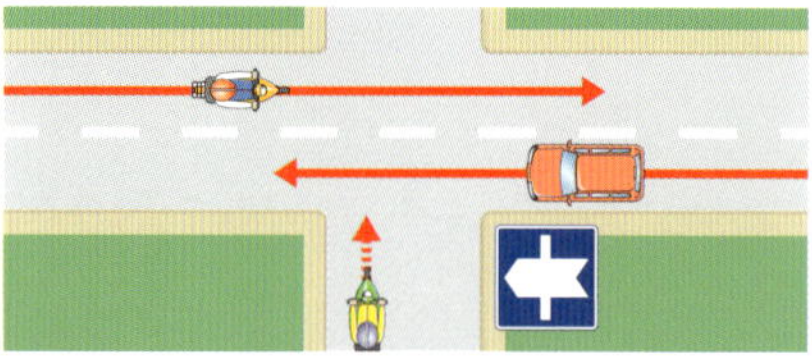

優先道路《ゆうせんどうろ》を通行《つうこう》する車《くるま》が優先《ゆうせん》されるので、直進《ちょくしん》または右左折《うさせつ》する車《くるま》は、徐行《じょこう》して左右《さゆう》の安全《あんぜん》を確《たし》かめながら進行《しんこう》する。

片方《かたほう》の道幅《みちはば》が広《ひろ》いとき（環状交差点《かんじょうこうさてん》を除《のぞ》く）

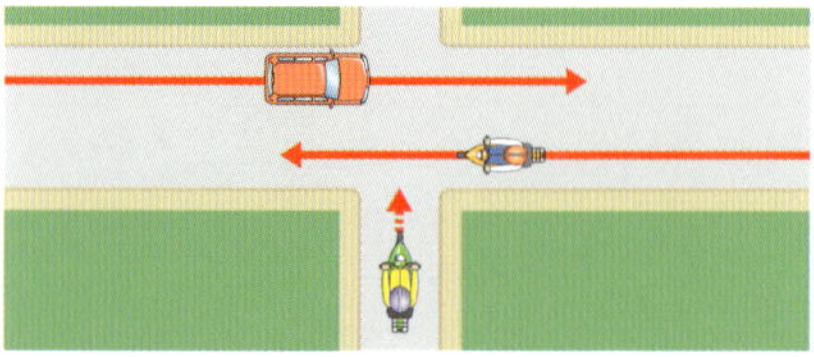

幅《はば》の広《ひろ》い道路《どうろ》を通行《つうこう》する車《くるま》が優先《ゆうせん》される。狭《せま》い道路側《どうろがわ》の車《くるま》は徐行《じょこう》して左右《さゆう》の安全《あんぜん》を確《たし》かめながら進行《しんこう》する。

※**優先道路《ゆうせんどうろ》とは**…「優先道路《ゆうせんどうろ》」の標識《ひょうしき》がある道路《どうろ》、または交差点《こうさてん》の中《なか》まで中央線《ちゅうおうせん》が引《ひ》かれている道路《どうろ》のこと

踏切《ふみきり》の安全《あんぜん》な渡《わた》り方《かた》

踏切《ふみきり》の通過方法《つうかほうほう》

踏切《ふみきり》の直前《ちょくぜん》（停止線《ていしせん》があるときは、その直前《ちょくぜん》）で一時停止《いちじていし》し、目《め》と耳《みみ》で安全確認《あんぜんかくにん》する。

踏切《ふみきり》に信号《しんごう》がある場合《ばあい》

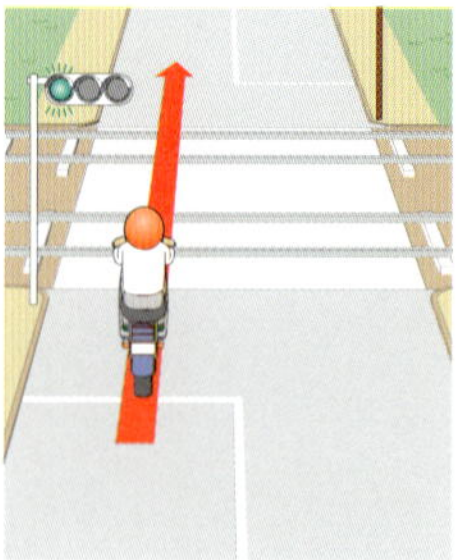

信号機《しんごうき》のあるところでは、その表示《ひょうじ》にしたがって通過《つうか》する（青信号《あおしんごう》の場合《ばあい》、一時停止《いちじていし》は不要《ふよう》、安全確認《あんぜんかくにん》は必要《ひつよう》）。

※エンストや落輪《らくりん》を防《ふせ》ぐため、低速《ていそく》ギアのまま変速《へんそく》はせず、やや中央寄《ちゅうおうよ》りを通行《つうこう》する

緊急自動車《きんきゅうじどうしゃ》などの優先《ゆうせん》

交差点《こうさてん》やその付近《ふきん》で緊急自動車《きんきゅうじどうしゃ》が近《ちか》づいてきたら

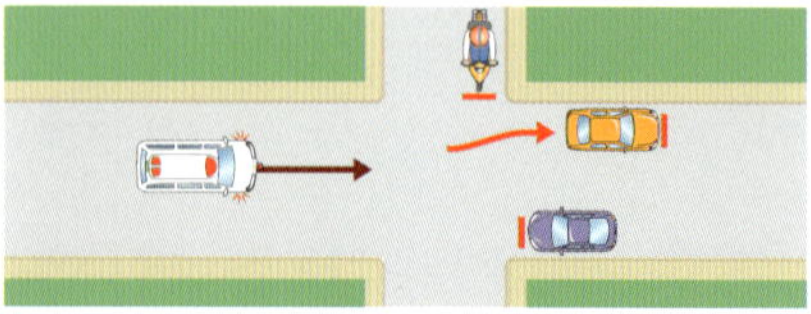

交差点《こうさてん》を避《さ》け、道路《どうろ》の左側《ひだりがわ》に寄《よ》って一時停止《いちじていし》する。

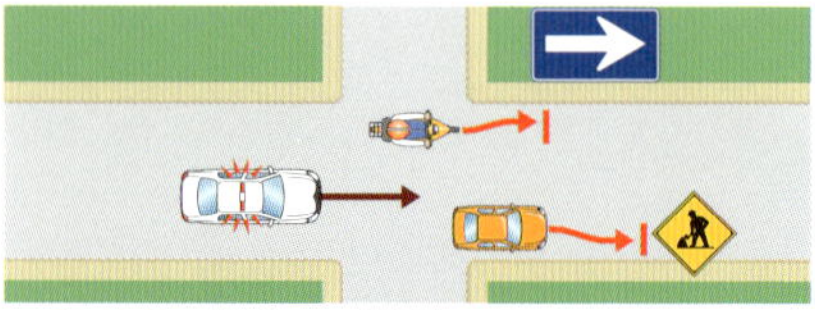

一方通行《いっぽうつうこう》の道路《どうろ》で、左側《ひだりがわ》に寄《よ》るとかえって緊急自動車《きんきゅうじどうしゃ》の妨《さまた》げになるときには、交差点《こうさてん》を避《さ》け、道路《どうろ》の右側《みぎがわ》に寄《よ》って一時停止《いちじていし》する。

交差点《こうさてん》やその付近以外《ふきんいがい》で緊急自動車《きんきゅうじどうしゃ》が近《ちか》づいてきたら

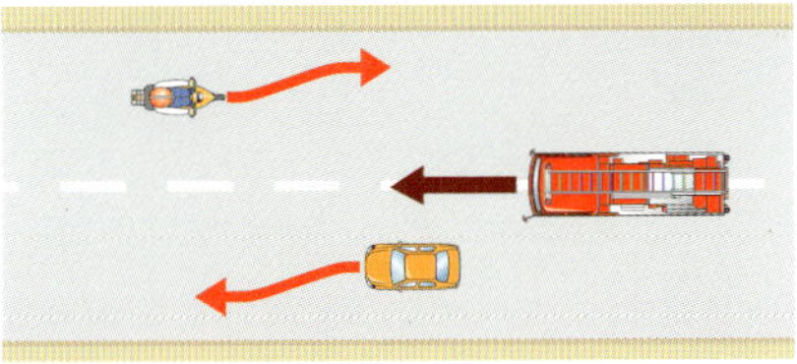

道路《どうろ》の左側《ひだりがわ》に寄《よ》って、進路《しんろ》を譲《ゆず》る。

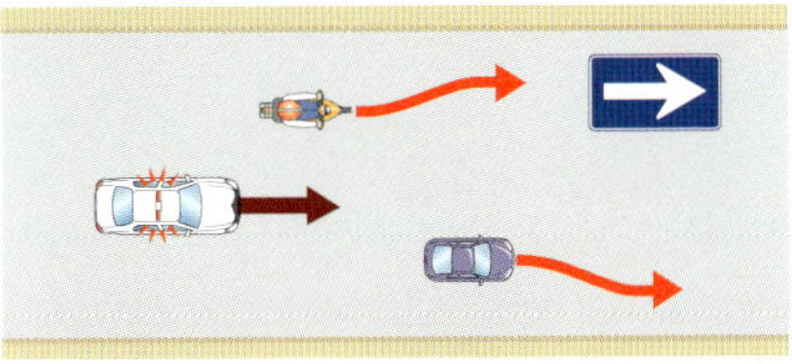

一方通行《いっぽうつうこう》の道路《どうろ》で、左側《ひだりがわ》に寄《よ》るとかえって緊《きん》急自動車《きゅうじどうしゃ》の妨《さまた》げになる場合《ばあい》は、道路《どうろ》の右側《みぎがわ》に寄《よ》って進路《しんろ》を譲《ゆず》る。

路線《ろせん》バスなどの優先《ゆうせん》

路線《ろせん》バス等優先通行帯《とうゆうせんつうこうたい》では

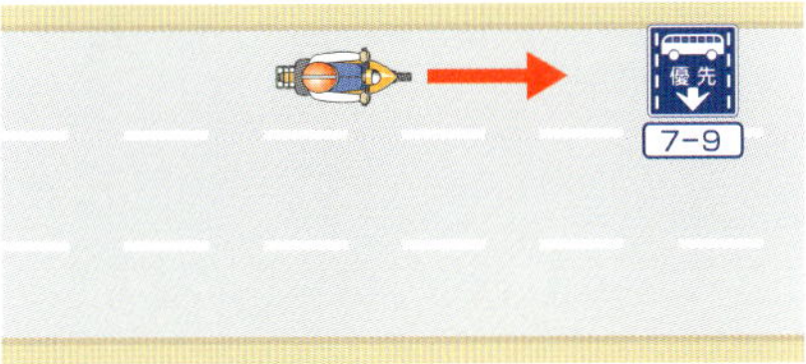

路線《ろせん》バスなどのほか、自動車《じどうしゃ》、原動機付自転《げんどうきつきじてん》車《しゃ》、軽車両《けいしゃりょう》も通行《つうこう》してよい（ただし、右左折《うさせつ》するためや工事《こうじ》などでやむを得《え》ない場合以外《ばあいいがい》は、後《うし》ろから路線《ろせん》バス等《とう》が接近《せっきん》してきたら右《みぎ》のイラストのようにする)。

自動車《じどうしゃ》は路線《ろせん》バスなどが近《ちか》づいてきたら、ほかの通行帯《つうこうたい》に出《で》なければならない（原付《げんつき》・小《こ》型特殊《がたとくしゅ》・軽車両《けいしゃりょう》を除《のぞ》く）。混雑時《こんざつじ》などでそこから出《で》られなくなるおそれがあるときは、はじめから通行《つうこう》してはならない。

バス専用通行帯《せんようつうこうたい》では

指定《してい》された車《くるま》、原動機付自転車《げんどうきつきじてんしゃ》、小型特殊自《こがたとくしゅじ》動車《どうしゃ》、軽車両《けいしゃりょう》以外《いがい》の車《くるま》は、通行《つうこう》できない。ただし、右左折《うさせつ》や工事《こうじ》などでやむを得《え》ない場合《ばあい》は除《のぞ》く。

路線《ろせん》バスなどが
発進《はっしん》の合図《あいず》をしたとき

後方《こうほう》の車《くるま》は徐行《じょこう》、または一時停止《いちじていし》をして路《ろ》線《せん》バスなどの発進《はっしん》を妨《さまた》げてはならない。ただし、急《きゅう》ブレーキや急《きゅう》ハンドルで避《さ》けなければならない場合《ばあい》は除《のぞ》く。

「追越《おいこ》し」と「追抜《おいぬ》き」

追越《おいこ》し

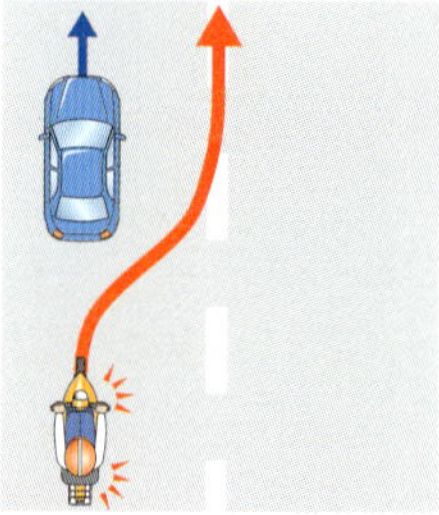

進路《しんろ》を変《か》えて、進《しん》行中《こうちゅう》の前《まえ》の車《くるま》の前《ぜん》方《ぽう》に出《で》ること。

追抜《おいぬ》き

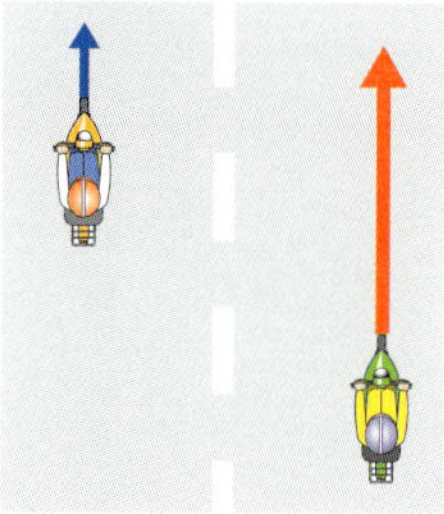

進路《しんろ》を変《か》えずに、進行中《しんこうちゅう》の前《まえ》の車《くるま》の前方《ぜんぽう》に出《で》ること。

例外《れいがい》
・前《まえ》の車《くるま》が、右折《うせつ》するため道路《どうろ》の中央《ちゅうおう》（一方通行《いっぽうつうこう》では右側《みぎがわ》）に寄《よ》っているときは、左側《ひだりがわ》から追越《おいこ》しをする

追越《おいこ》しをしてはいけないとき

どんなときに追越《おいこ》しをしてはいけないのか、しっかり覚《おぼ》えておきましょう。

前《まえ》の車《くるま》が自動車《じどうしゃ》を追《お》い越《こ》そうとしているとき（二重追越《にじゅうおいこ》し）。したがって、前《まえ》の車《くるま》が原動機《げんどうき》付自転車《つきじてんしゃ》を追《お》い越《こ》そうとしているときは、禁《きん》止《し》されない。

反対方向《はんたいほうこう》からの車《くるま》や路面電車《ろめんでんしゃ》の進行《しんこう》を妨《さまた》げるようなときや、前《まえ》の車《くるま》の進行《しんこう》を妨《さまた》げなければ進路《しんろ》を戻《もど》せないとき。

前《まえ》の車《くるま》が右折《うせつ》などのために右側《みぎがわ》に進路《しんろ》を変《か》えようとしているとき。

後《うし》ろの車《くるま》が自分《じぶん》の車《くるま》を追《お》い越《こ》そうとしているとき。

追越《おいこ》し禁止《きんし》の場所《ばしょ》

どんな場所《ばしょ》で、どんな車《くるま》を追越《おいこ》しできないかを整理《せいり》しておきましょう。

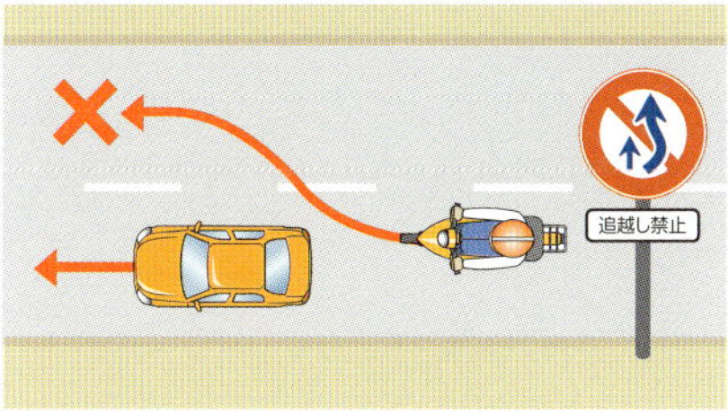

標識《ひょうしき》により、追《お》い越《こ》しが禁止《きんし》されている。

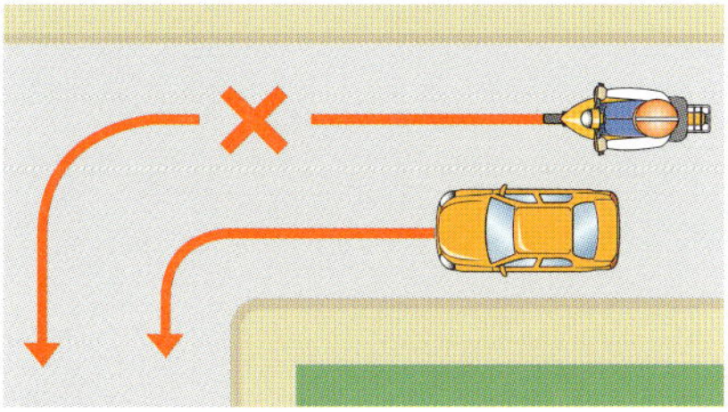

道路《どうろ》の曲《ま》がり角《かど》付近《ふきん》。

上《のぼ》り坂《ざか》の頂上付近《ちょうじょうふきん》。

こう配《ばい》の急《きゅう》な下《くだ》り坂《ざか》。

トンネル内《ない》。

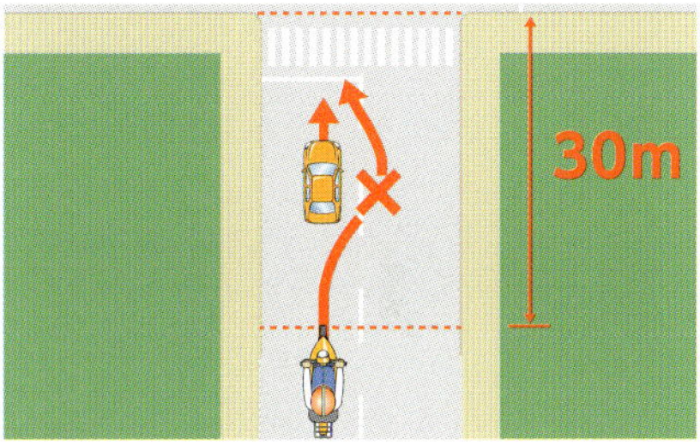

交差点《こうさてん》とその手前《てまえ》から30メートル以内《いない》の場所《ばしょ》。

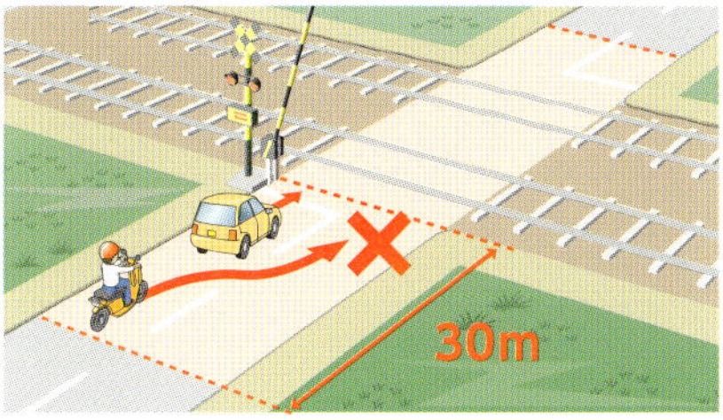

踏切《ふみきり》とその手前《てまえ》から30メートル以内《いない》の場所《ばしょ》。

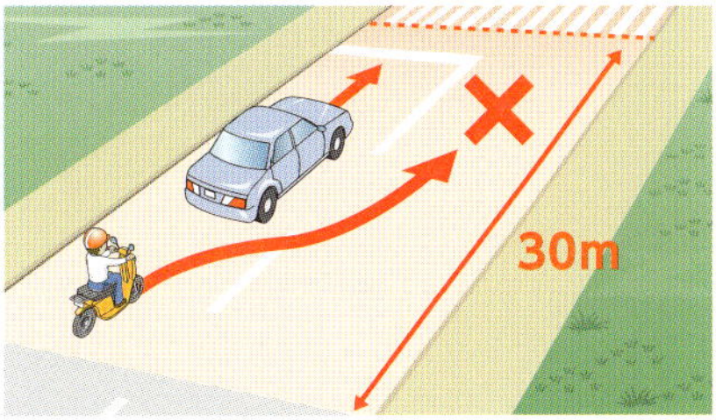

横断歩道《おうだんほどう》、自転車横断帯《じてんしゃおうだんたい》とその手前《てまえ》から30メートル以内《いない》の場所《ばしょ》。

例外《れいがい》

・トンネル内《ない》でも車両通行帯《しゃりょうつうこうたい》がある場合《ばあい》
・交差点《こうさてん》とその手前《てまえ》から30メートル以内《いない》の場所《ばしょ》でも、優先道路《ゆうせんどうろ》を通行《つうこう》している場合《ばあい》

駐車禁止《ちゅうしゃきんし》の場所《ばしょ》

1メートル

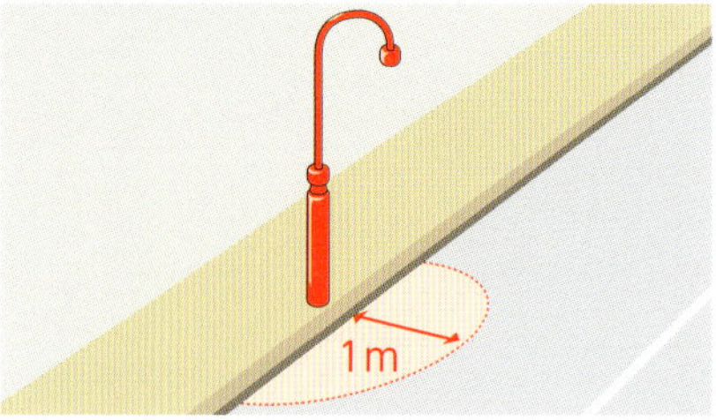

火災報知機《かさいほうちき》から1メートル以内《いない》。

3メートル

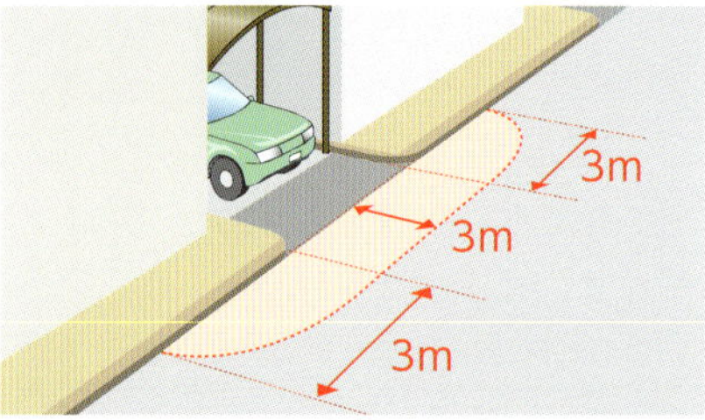

駐車場《ちゅうしゃじょう》、車庫《しゃこ》など、自動車専用《じどうしゃせんよう》の出入口《でいりぐち》から3メートル以内《いない》。

駐車《ちゅうしゃ》と停車《ていしゃ》の違《ちが》いとは？

- **駐車《ちゅうしゃ》**…5分《ふん》を超《こ》える荷物《にもつ》の積《つ》み下《お》ろし、人待《ひとま》ち、車《くるま》から離《はな》れてすぐに運転《うんてん》できない状態《じょうたい》の停止《ていし》。
- **停車《ていしゃ》**…5分《ふん》以内《いない》の荷物《にもつ》の積《つ》み下《お》ろし、人《ひと》の乗《の》り降《お》りやすぐに運転《うんてん》できる短時間《たんじかん》の停止《ていし》。

5メートル

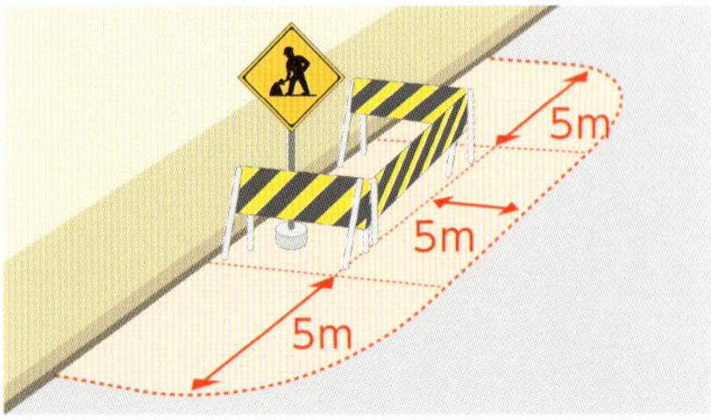

道路工事《どうろこうじ》の区域《くいき》の端《はし》から5メートル以内《いない》。

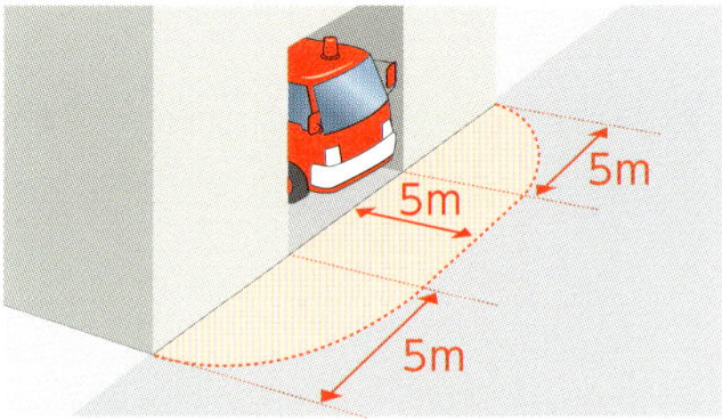

消防用機械器具《しょうぼうようきかいきぐ》の置場《おきば》、消防用防火水《しょうぼうようぼうかすい》そうなどの出入口《でいりぐち》から5メートル以内《いない》。

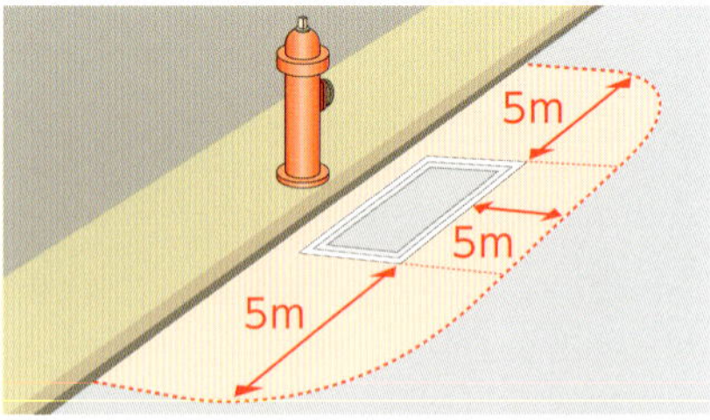

消火栓《しょうかせん》、指定消防水利《していしょうぼうすいり》の標識《ひょうしき》、消防用防火水《しょうぼうようぼうかすい》そうの取《と》り入《い》れ口《ぐち》から5メートル以内《いない》。

駐車禁止場所《ちゅうしゃきんしばしょ》のゴロ合《あ》わせ暗記術《あんきじゅつ》

「火災《かさい》が出《で》たら一目散《いちもくさん》、出口《でぐち》さん、消防工事《しょうぼうこうじ》ごくろうさん」

火災《かさい》が出《で》たら …火災報知機《かさいほうちき》
一目散《いちもくさん》 …1メートル以内《いない》
出口《でぐち》 …駐車場《ちゅうしゃじょう》、車庫《しゃこ》などの自動車専用《じどうしゃせんよう》の出入口《でいりぐち》から
さん …3メートル以内《いない》
消防《しょうぼう》 …消防関係《しょうぼうかんけい》（消防用機械器具《しょうぼうようきかいきぐ》の置場《おきば》、消防用《しょうぼうよう》防火水《ぼうかすい》そう、消火栓《しょうかせん》、指定消防水利《していしょうぼうすいり》など）
工事《こうじ》 …道路工事《どうろこうじ》の区域《くいき》の端《はし》から
ごくろうさん …5メートル以内《いない》

駐停車禁止《ちゅうていしゃきんし》の場所《ばしょ》

5メートル

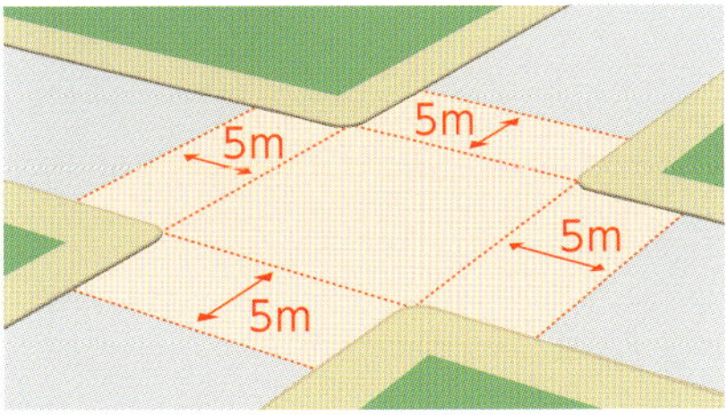

交差点《こうさてん》とその端《はし》から5メートル以内《いない》。

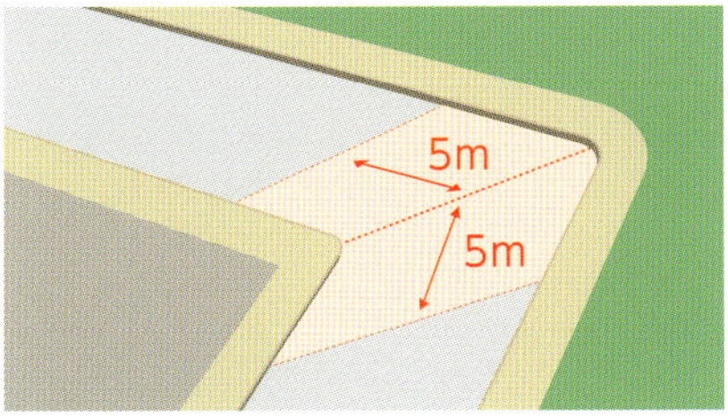

道路《どうろ》の曲《ま》がり角《かど》から5メートル以内《いない》。

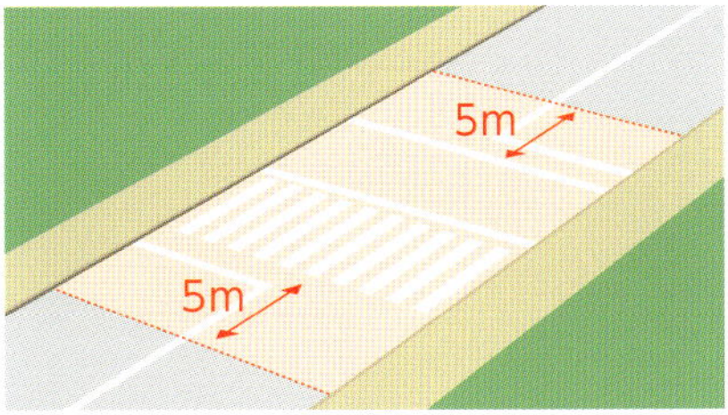

横断歩道《おうだんほどう》、自転車横断帯《じてんしゃおうだんたい》とその端《はし》から前後《ぜんご》5メートル以内《いない》。

10メートル

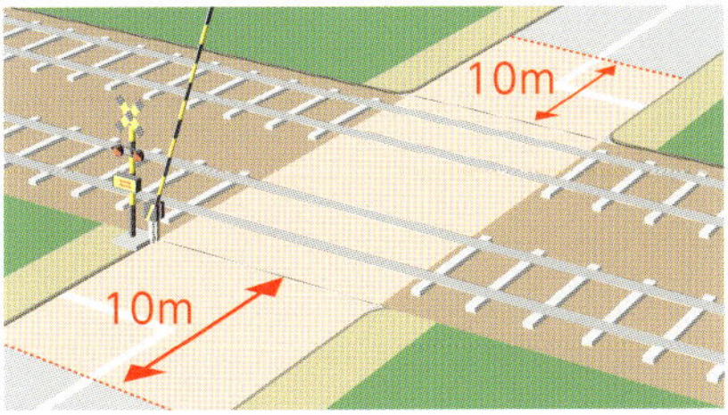

踏切《ふみきり》とその端《はし》から前後《ぜんご》10メートル以内《いない》。

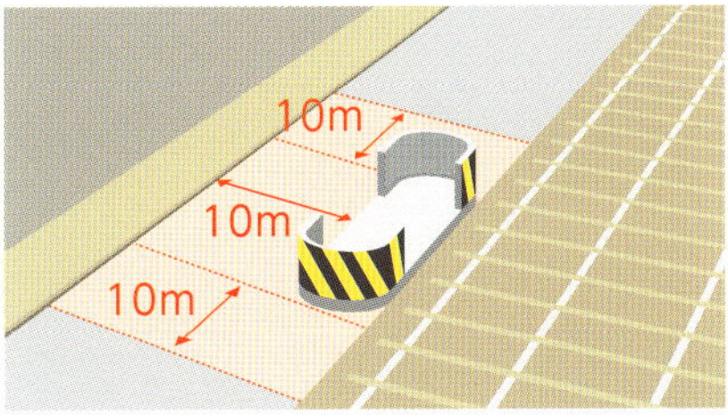

安全地帯《あんぜんちたい》の左側《ひだりがわ》とその前後《ぜんご》10メートル以内《いない》。

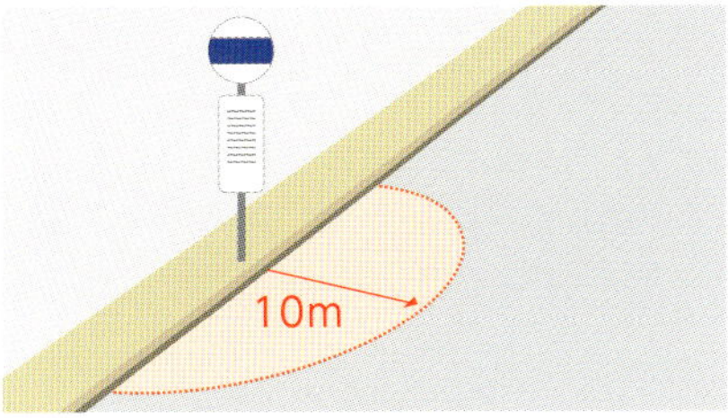

バス、路面電車《ろめんでんしゃ》の停留所《ていりゅうじょ》の標示板《ひょうじばん》（柱《はしら》）から10メートル以内《いない》（運行時間中《うんこうじかんちゅう》に限《かぎ》る）。

駐停車禁止場所《ちゅうていしゃきんしばしょ》のゴロ合《あ》わせ暗記術《あんきじゅつ》

「トキサカコマオ5年生《ねんせい》、バスに揺《ゆ》られて不安《ふあん》な遠出《とおで》」

ト …トンネル
キ …軌道敷内《きどうしきない》
サカ…坂《さか》の頂上付近《ちょうじょうふきん》やこう配《ばい》の急《きゅう》な坂《さか》（上《のぼ》り、下《くだ》りとも）
コ …交差点《こうさてん》とその端《はし》から
マ …曲《ま》がり角《かど》から
オ …横断歩道《おうだんほどう》、自転車横断帯《じてんしゃおうだんたい》とその端《はし》から
5年生《ねんせい》 …5メートル以内《いない》
バスに揺《ゆ》られて …バス、路面電車《ろめんでんしゃ》の停留所《ていりゅうじょ》の標示板《ひょうじばん》（柱《はしら》）から
不《ふ》 …踏切《ふみきり》とその端《はし》から
安《あん》な …安全地帯《あんぜんちたい》の左側《ひだりがわ》とその前後《ぜんご》
遠出《とおで》 …10メートル以内《いない》

徐行《じょこう》しなければいけないとき・場所《ばしょ》

徐行《じょこう》する場所《ばしょ》ではすぐに停止《ていし》できる速度《そくど》におさえて通行《つうこう》しましょう。

❶ 徐行《じょこう》の標識《ひょうしき》があるところ

❷ 左右《さゆう》の見通《みとお》しがきかない交差点《こうさてん》
(信号機《しんごうき》のある交差点《こうさてん》、優先道路《ゆうせんどうろ》を通行《つうこう》している場合《ばあい》は例外《れいがい》)

❸ 道路《どうろ》の曲《ま》がり角付近《かどふきん》

❹ 上《のぼ》り坂《ざか》の頂上付近《ちょうじょうふきん》

❺ こう配《ばい》の急《きゅう》な下《くだ》り坂《ざか》

❻ 許可《きょか》を受《う》けて歩行者用道路《ほこうしゃようどうろ》を通行《つうこう》するとき
(P.16 参照《さんしょう》)

❼ 歩行者《ほこうしゃ》のそばを通《とお》るのに安全《あんぜん》な間隔《かんかく》（1～1.5メートル以上《いじょう》）がとれないとき (P.12 参照《さんしょう》)

❽ 道路外《どうろがい》に出《で》るため右左折《うさせつ》するとき

❾ 安全地帯《あんぜんちたい》のある停留所《ていりゅうじょ》に路面電車《ろめんでんしゃ》が停止《ていし》しているとき

❿ 乗降客《じょうこうきゃく》のいない停止中《ていしちゅう》の路面電車《ろめんでんしゃ》との間隔《かんかく》が1.5メートル以上《いじょう》とれるとき (P.13 参照《さんしょう》)

⓫ 交差点《こうさてん》を右左折《うさせつ》するとき (P.20・21 参照《さんしょう》)

⓬ 優先道路《ゆうせんどうろ》や幅《はば》の広《ひろ》い道路《どうろ》に入《はい》るとき
(P.22 参照《さんしょう》)

⓭ ぬかるみや水《みず》たまりの場所《ばしょ》を通《とお》るとき
(P.13 参照《さんしょう》)

⓮ 身体《しんたい》の不自由《ふじゆう》な人《ひと》、通行《つうこう》に支障《ししょう》のある高齢者《こうれいしゃ》、子《こ》どもがひとりで歩《ある》いているとき

⓯ 歩行者《ほこうしゃ》のいる安全地帯《あんぜんちたい》の側方《そくほう》を通過《つうか》するとき
(P.12 参照《さんしょう》)

⓰ 乗降《じょうこう》のため停車中《ていしゃちゅう》の通学通園《つうがくつうえん》バスのそばを通《とお》るとき

徐行《じょこう》の標識《ひょうしき》があるところ

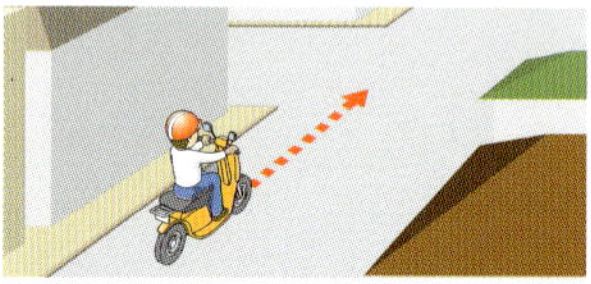
左右《さゆう》の見通《みとお》しがきかない交差点《こうさてん》。ただし、交通整理《こうつうせいり》が行《おこな》われている場合《ばあい》や優先道路《ゆうせんどうろ》は除《のぞ》く

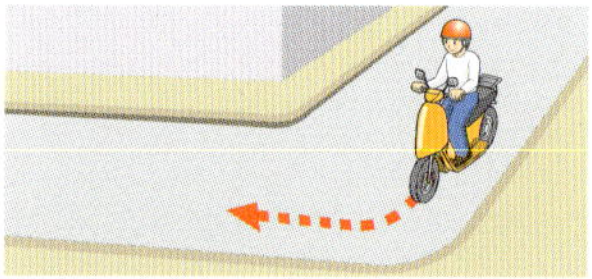
道路《どうろ》の曲《ま》がり角付近《かどふきん》

上《のぼ》り坂《ざか》の頂上付近《ちょうじょうふきん》　こう配《ばい》の急《きゅう》な下《くだ》り坂《ざか》

ひとり歩《ある》きをしている子《こ》ども、白《しろ》か黄色《きいろ》のつえを持《も》った人《ひと》、身体障害者用《しんたいしょうがいしゃよう》の車《くるま》いす、盲導《もうどう》犬《けん》を連《つ》れた人《ひと》、通行《つうこう》に支障《ししょう》のある高齢者《こうれいしゃ》や身《しん》体障害者《たいしょうがいしゃ》

一時停止《いちじていし》か徐行《じょこう》して、歩行者《ほこうしゃ》が安全《あんぜん》に通《つう》行《こう》できるようにする

徐行《じょこう》して安全《あんぜん》を確認《かくにん》しなければならない

緊急事態《きんきゅうじたい》が起《お》きたら

走行中《そうこうちゅう》にタイヤがパンクしたら

ハンドルを正《ただ》しくしっかりと握《にぎ》り、車《くるま》の進行《しんこう》方向《ほうこう》を立《た》て直《なお》す。ブレーキを断続的《だんぞくてき》にかけながら、道路《どうろ》の左端《ひだりはし》に車《くるま》を寄《よ》せて停《と》める。

スロットルが戻《もど》らないとき

ただちに点火《てんか》スイッチを切《き》り、エンジンの回《かい》転《てん》を止《と》める。ブレーキをかけて速度《そくど》を落《お》とし、道路《どうろ》の左側《ひだりがわ》に停《と》める。

後輪《こうりん》が横滑《よこすべ》りしたら

ブレーキはかけず、まずスロットルをゆるめる。同時《どうじ》に、滑《すべ》った方向《ほうこう》（後輪《こうりん》が右《みぎ》に滑《すべ》ったらハンドルを右《みぎ》に切《き》る）へハンドルを切《き》って車体《しゃたい》を立《た》て直《なお》す。

下《くだ》り坂《ざか》でブレーキが効《き》かなくなったら

減速《げんそく》チェンジ後《ご》、エンジンブレーキを活用《かつよう》しながら速度《そくど》を落《お》としていく。

それでも停止《ていし》しないときや道《どう》路外《ろがい》に危険《きけん》がない場合《ばあい》はためらわずに道路外《どうろがい》での停止《ていし》を試《こころ》みる。

対向車《たいこうしゃ》と正面衝突《しょうめんしょうとつ》のおそれがあるとき

警音器《けいおんき》とブレーキを同時《どうじ》に使《つか》い、できるだけ左側《ひだりがわ》に寄《よ》る。道路外《どうろがい》に危険《きけん》がないときは、ためらわず道路外《どうろがい》に出《で》る。

迷《ま》いやすい数字《すうじ》をチェック

試験《しけん》には、さまざまな数字《すうじ》に関《かん》する問題《もんだい》が出題《しゅつだい》されます。ひとつひとつを覚《おぼ》えるのは大変《たいへん》ですから、テーマごとに関連《かんれん》づけて整理《せいり》しましょう。なかでも、「1」「3(30)」「5」「10」など、よく出《で》てくる数字《すうじ》は確実《かくじつ》に押《お》さえておきます。

駐車禁止場所《ちゅうしゃきんしばしょ》

- 火災報知機《かさいほうちき》から**1メートル以内《いない》**の場所《ばしょ》は**駐車禁止《ちゅうしゃきんし》**
- 駐車場《ちゅうしゃじょう》、車庫《しゃこ》などの自動車専用《じどうしゃせんよう》の出入口《でいりぐち》から**3メートル以内《いない》**の場所《ばしょ》は**駐車禁止《ちゅうしゃきんし》**
- 道路工事《どうろこうじ》の区域《くいき》の端《はし》から**5メートル以内《いない》**の場所《ばしょ》は**駐車禁止《ちゅうしゃきんし》**
- 消防用機械器具《しょうぼうようきかいきぐ》の置場《おきば》、消防用防火水《しょうぼうようぼうかすい》そう、これらの道路《どうろ》に接《せっ》する出入口《でいりぐち》から**5メートル以内《いない》**の場所《ばしょ》は**駐車禁止《ちゅうしゃきんし》**
- 消火栓《しょうかせん》、指定消防水利《していしょうぼうすいり》の標識《ひょうしき》がある位置《いち》や、消防用防火水《しょうぼうようぼうかすい》そうの取《と》り入《い》れ口《ぐち》から**5メートル以内《いない》**の場所《ばしょ》は**駐車禁止《ちゅうしゃきんし》**

駐停車禁止《ちゅうていしゃきんし》の場所《ばしょ》と時間《じかん》

- 交差点《こうさてん》とその端《はし》から**5メートル以内《いない》**の場所《ばしょ》は**駐停車禁止《ちゅうていしゃきんし》**
- 道路《どうろ》の曲《ま》がり角《かど》から**5メートル以内《いない》**の場所《ばしょ》は**駐停車禁止《ちゅうていしゃきんし》**
- 横断歩道《おうだんほどう》や自転車横断帯《じてんしゃおうだんたい》とその端《はし》から**前後《ぜんご》5メートル以内《いない》**の場所《ばしょ》は**駐《ちゅう》停車禁止《ていしゃきんし》**
- **5分《ふん》を超《こ》える**荷物《にもつ》の積《つ》み下《お》ろしは**駐車《ちゅうしゃ》**、**5分以内《ふんいない》**なら**停車《ていしゃ》**
- 踏切《ふみきり》とその端《はし》から**前後《ぜんご》10メートル以内《いない》**の場所《ばしょ》は**駐停車禁止《ちゅうていしゃきんし》**
- 安全地帯《あんぜんちたい》の左側《ひだりがわ》と**その前後《ぜんご》10メートル以内《いない》**の場所《ばしょ》は**駐停車禁止《ちゅうていしゃきんし》**
- バス、路面電車《ろめんでんしゃ》の停留所《ていりゅうじょ》の標示板《ひょうじばん》（柱《はしら》）から**10メートル以内《いない》**の場所《ばしょ》は**駐停車禁止《ちゅうていしゃきんし》**（運行時間中《うんこうじかんちゅう》のみ）

路側帯《ろそくたい》での駐停車《ちゅうていしゃ》

- 一本線《いっぽんせん》の路側帯《ろそくたい》のある道路《どうろ》では、路側帯《ろそくたい》の幅《はば》が**0.75メートル以下《いか》**なら車道《しゃどう》の左端《ひだりはし》に沿《そ》う
- 一本線《いっぽんせん》の路側帯《ろそくたい》のある道路《どうろ》では、路側帯《ろそくたい》の幅《はば》が**0.75メートルを超《こ》える**場合《ばあい》は、路側帯《ろそくたい》の中《なか》に入《はい》って車《くるま》の左側《ひだりがわ》に**0.75メートル以上《いじょう》**の余地《よち》をあける

1本線《ぽんせん》の路側帯《ろそくたい》がある道路《どうろ》

【路側帯《ろそくたい》の幅《はば》が0.75m以下《いか》の場合《ばあい》】

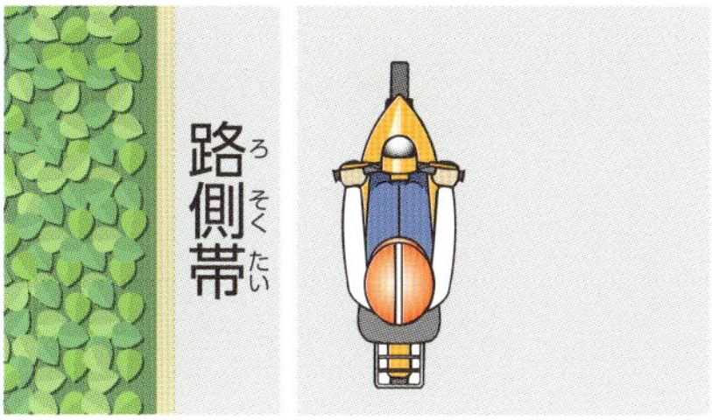

車道《しゃどう》の左端《ひだりはし》に沿《そ》い、路側帯《ろそくたい》の中《なか》には入《はい》らない

【路側帯《ろそくたい》の幅《はば》が0.75mを超《こ》える場合《ばあい》】

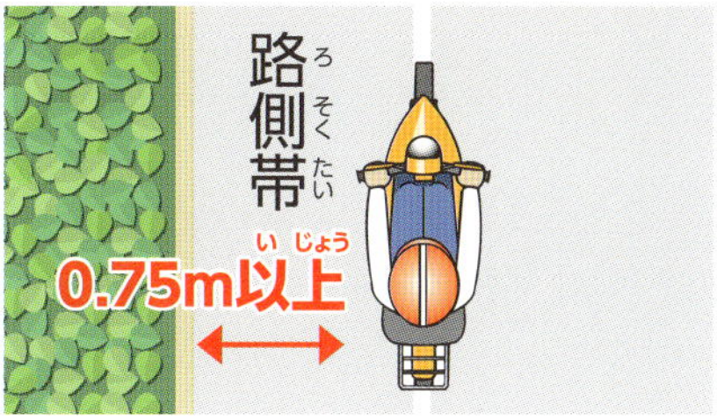

路側帯《ろそくたい》の中《なか》に入《はい》って、左側《ひだりがわ》に0.75m以上《いじょう》の余地《よち》をあける

徐行《じょこう》

- ブレーキを操作《そうさ》してから停止《ていし》するまでの距離《きょり》が**約《やく》1メートル以内《いない》**なら**「徐行《じょこう》」**（おおむね時速《じそく》10km毎時以下《まいじいか》とされる）

合図《あいず》を出《だ》すとき・場所《ばしょ》

- **進路変更《しんろへんこう》**の合図《あいず》は**約《やく》3秒前《びょうまえ》**に行《おこな》う
- **右左折《うさせつ》や転回《てんかい》**の合図《あいず》は**30メートル手前《てまえ》**で行《おこな》う（環状交差点《かんじょうこうさてん》は除《のぞ》く）

歩行者《ほこうしゃ》などの保護《ほご》

- 歩行者《ほこうしゃ》や自転車《じてんしゃ》のそばを通《とお》るときは**安全《あんぜん》な間隔《かんかく》（1～1.5メートル以《い》上《じょう》）**をあける

法定速度《ほうていそくど》（一般道路《いっぱんどうろ》）

- 普通自動車《ふつうじどうしゃ》の**最高速度《さいこうそくど》**は **60キロメートル毎時《まいじ》**
- 原動機付自転車《げんどうきつきじてんしゃ》の**最高速度《さいこうそくど》**は **30キロメートル毎時《まいじ》**

自動車《じどうしゃ》		**60km/h**
原動機付自転車《げんどうきつきじてんしゃ》		**30km/h**
けん引《いん》するとき	けん引自動車《いんじどうしゃ》で、けん引《いん》されるための構造《こうぞう》と装置《そうち》のある車《くるま》をけん引《いん》するとき	**60km/h**
	車両総重量《しゃりょうそうじゅうりょう》2,000kg以下《いか》の故障車《こしょうしゃ》などを、その3倍以上《ばいいじょう》の車両総重量《しゃりょうそうじゅうりょう》の車《くるま》でけん引《いん》するとき	**40km/h**
	その他《た》の場合《ばあい》で故障車《こしょうしゃ》などをけん引《いん》するとき	**30km/h**
	総排気量《そうはいきりょう》125cc以下《いか》の普通自動二輪車《ふつうじどうにりんしゃ》や原動機付《げんどうきつき》自転車《じてんしゃ》でほかの車《くるま》をけん引《いん》するとき	**25km/h**

※決《き》められた速度内《そくどない》であっても、混《こ》み具合《ぐあい》、天候《てんこう》、視界等《しかいとう》を考慮《こうりょ》した安全速度《あんぜんそくど》で走《はし》る。さらに安全《あんぜん》な車間距離《しゃかんきょり》を保《たも》つ
※リヤカーのけん引《いん》の許可《きょか》は都道府県《とどうふけん》によって異《こと》なる（けん引《いん》できるかは各都道府県《かくとどうふけん》の公安委員会《こうあんいいんかい》へ確認《かくにん》が必要《ひつよう》）

追越《おいこ》し禁止《きんし》

- 交差点《こうさてん》とその手前《てまえ》から**30メートル以内《いない》**の場所《ばしょ》は**追越《おいこ》し禁止《きんし》**（優先道路《ゆうせんどうろ》を通行《つうこう》している場合《ばあい》を除《のぞ》く）

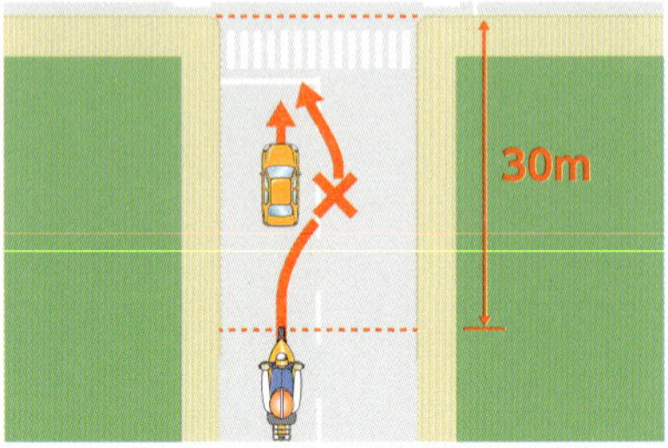

- 踏切《ふみきり》とその手前《てまえ》から**30メートル以《い》内《ない》**の場所《ばしょ》は**追越《おいこ》し禁止《きんし》**
- 横断歩道《おうだんほどう》や自転車横断帯《じてんしゃおうだんたい》とその手前《てまえ》から**30メートル以内《いない》**の場所《ばしょ》は**追越《おいこ》し禁止《きんし》**

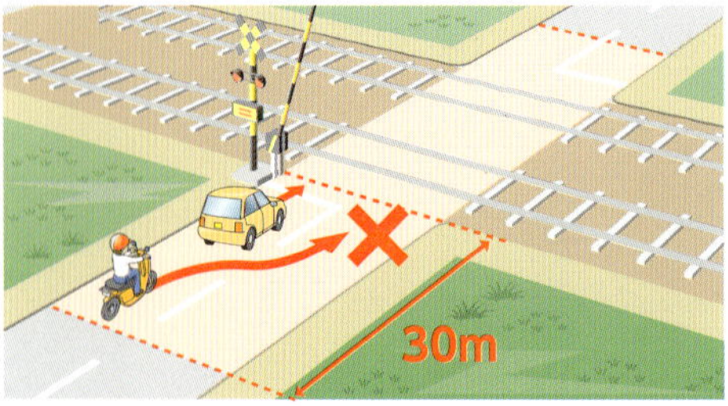

積載制限《せきさいせいげん》

- 普通自動車《ふつうじどうしゃ》の積載制限《せきさいせいげん》は、**地上《ちじょう》からの高《たか》さ3.8メートル以下《いか》**、**自動車《じどうしゃ》の長《なが》さ×1.1メートル以下《いか》**、**自動車《じどうしゃ》の幅以下《はばいか》**
- 原動機付自転車《げんどうきつきじてんしゃ》の**最大積載量《さいだいせきさいりょう》**は**30キログラム**（リヤカーのけん引時《いんじ》にはリヤカーに120キログラムまで積《つ》める）
  ※リヤカーのけん引《いん》の許可《きょか》は都道府県《とどうふけん》によって異《こと》なる（けん引《いん》できるかは各都道府県《かくとどうふけん》の公安委員会《こうあんいいんかい》へ確認《かくにん》が必要《ひつよう》）
- 原動機付自転車《げんどうきつきじてんしゃ》の積載制限《せきさいせいげん》は、**地上《ちじょう》からの高《たか》さ2.0メートル以下《いか》**、**積載装置《せきさいそうち》の長《なが》さ＋0.3メートル以下《いか》**、**積載装置《せきさいそうち》の幅《はば》＋左右《さゆう》それぞれ0.15メートル以下《いか》**

区《く》　分《ぶん》	積載物《せきさいぶつ》の大《おお》きさと積載《せきさい》の方法《ほうほう》
大型自動車《おおがたじどうしゃ》 大型特殊自動車《おおがたとくしゅじどうしゃ》 中型自動車《ちゅうがたじどうしゃ》 準中型自動車《じゅんちゅうがたじどうしゃ》 普通自動車《ふつうじどうしゃ》	自動車《じどうしゃ》の長《なが》さ×1.1m以下《いか》 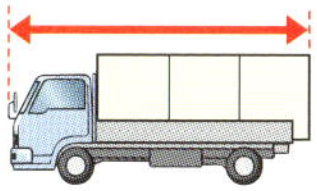 自動車《じどうしゃ》の幅以下《はばいか》 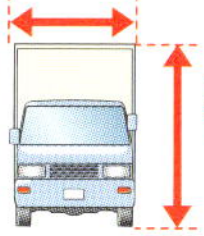 三輪《さんりん》の普通自動車《ふつうじどうしゃ》と総排気量《そうはいきりょう》660cc以下《いか》の普通自動車《ふつうじどうしゃ》は、高《たか》さ2.5m以下《いか》
大型自動二輪車《おおがたじどうにりんしゃ》 普通自動二輪車《ふつうじどうにりんしゃ》 （側車付《そくしゃつき》を除《のぞ》く）	積載装置《せきさいそうち》の長《なが》さ＋0.3m以下《いか》  積載装置《せきさいそうち》の幅《はば》＋左右《さゆう》0.15m以下《いか》 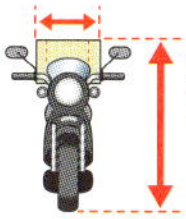
原動機付自転車《げんどうきつきじてんしゃ》	同上《どうじょう》
小型特殊自動車《こがたとくしゅじどうしゃ》	自動車《じどうしゃ》の長《なが》さ×1.1m以下《いか》 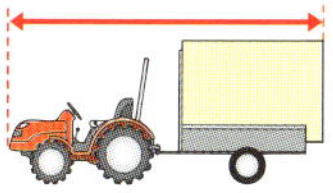 自動車《じどうしゃ》の幅以下《はばいか》 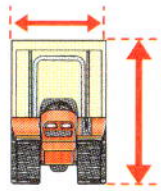

衝撃力《しょうげきりょく》・遠心力《えんしんりょく》・制動距離《せいどうきょり》

- 衝撃力《しょうげきりょく》と遠心力《えんしんりょく》・制動距離《せいどうきょり》はおおむね速度《そくど》の**2乗《じょう》に比例《ひれい》**

衝撃力《しょうげきりょく》は速度《そくど》の2乗《じょう》に比例《ひれい》

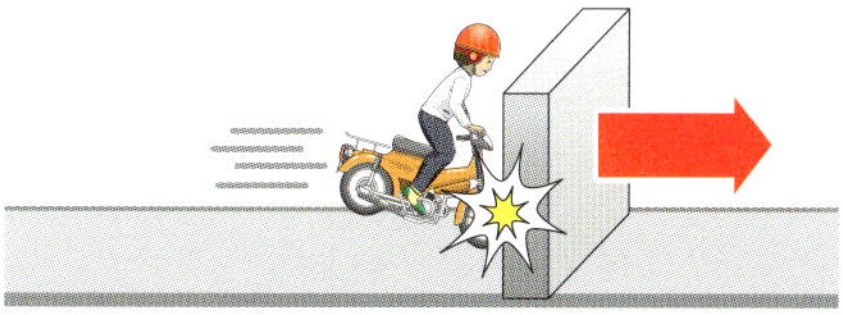

迷《まよ》いやすい言葉《ことば》づかいをチェック

学科試験問題《がっかしけんもんだい》には、「以下《いか》」「以上《いじょう》」「未満《みまん》」「超《こ》える」などのまぎらわしい言葉《ことば》がひっかけに使《つか》われます。安全運転《あんぜんうんてん》をしているように思《おも》える抽象的《ちゅうしょうてき》な言葉《ことば》や限定《げんてい》した言《い》い方《かた》、急激《きゅうげき》な行動《こうどう》を示《しめ》す言葉《ことば》は注意《ちゅうい》しましょう。

問題文中《もんだいぶんちゅう》にこれらの言葉《ことば》が出《で》たら注意《ちゅうい》！！

問題文《もんだいぶん》には、まどわす言葉《ことば》が含《ふく》まれていることが多《おお》いので、まとめてチェックしておきます。

言葉《ことば》づかい①	傾向《けいこう》と対策《たいさく》
「かもしれないので」 「おそれがあるので」 「スピードを落《お》とした」 「一時停止《いちじていし》して」 「徐行《じょこう》して」	これらの表現《ひょうげん》は安全運転《あんぜんうんてん》に思《おも》われるが、どのような意図《いと》で使《つか》われているか、必《かなら》ずチェックする。 危険予測《きけんよそく》イラスト問題《もんだい》や、減速《げんそく》・徐行《じょこう》・停止《ていし》にかかわる問題《もんだい》でよく使《つか》われる。

例題《れいだい》

問《とい》1：安全地帯《あんぜんちたい》のそばを通行《つうこう》するときは、歩行者《ほこうしゃ》がいてもいなくても**徐行《じょこう》しなければならない。**

言葉《ことば》づかい②	傾向《けいこう》と対策《たいさく》
「必《かなら》ず」 「絶対《ぜったい》」 「すべて」	限定《げんてい》した言《い》い回《まわ》しは、ほかに当《あ》てはまるケースはないか、例外《れいがい》はないかを確認《かくにん》することが必要《ひつよう》。

例題《れいだい》

問《とい》2：こう配《ばい》の急《きゅう》な坂道《さかみち》では、上《のぼ》りも下《くだ》りも**必《かなら》ず**徐行《じょこう》しなければならない。

問《とい》3：警笛区間内《けいてきくかんない》の交差点《こうさてん》では、見通《みとお》しのよし悪《あ》しにかかわらず**絶対《ぜったい》**に警音器《けいおんき》を鳴《な》らさなければならない。

問《とい》4：高速自動車国道《こうそくじどうしゃこくどう》の本線車道《ほんせんしゃどう》における普通乗用車《ふつうじょうようしゃ》の最高速度《さいこうそくど》は、**すべて**100キロメートル毎時《まいじ》である。

言葉《ことば》づかい③	傾向《けいこう》と対策《たいさく》
「大丈夫《だいじょうぶ》だと思《おも》うので」 「そのままの速度《そくど》で」	勝手《かって》に安全《あんぜん》だと思《おも》い込《こ》んで判断《はんだん》するのは、間違《まちが》った答《こた》えであることが多《おお》い。

例題《れいだい》

問《とい》5：駐車場《ちゅうしゃじょう》に入《はい》るために歩道《ほどう》を横切《よこぎ》るとき、人《ひと》がいなくて**大丈夫《だいじょうぶ》だと思《おも》ったのでそのままの速度《そくど》で**通過《つうか》した。

言葉《ことば》づかい④	傾向《けいこう》と対策《たいさく》
「急《きゅう》に」 「一気《いっき》に」 「すばやく」 「急《いそ》いで」 「加速《かそく》して」 「急《きゅう》ブレーキをかけて」	いずれも、危険《きけん》を避《さ》けるためやむを得《え》ない場合以外《ばあいいがい》は、好《この》ましくない行動《こうどう》に関係《かんけい》した表現《ひょうげん》として使《つか》われることが多《おお》い。 ●**「急《きゅう》に」「急《いそ》いで」** →危険《きけん》やあせりを感《かん》じさせる。 ●**「一気《いっき》に」** →勢《いきお》いをつけるものは好《この》ましくないことが多《おお》い（踏切《ふみきり》を除《のぞ》く）。 ●**「すみやか」**は好《この》ましい場合《ばあい》に使《つか》われることが多《おお》い。

言葉《ことば》づかい⑤	傾向《けいこう》と対策《たいさく》
「以下《いか》」 「未満《みまん》」 「以上《いじょう》」 「超《こ》える」	問題《もんだい》の数値《すうち》が含《ふく》まれるか含《ふく》まれないかを問《と》う場合《ばあい》によく使《つか》われる。 ●**「以下《いか》」「以上《いじょう》」** →その数値《すうち》を含《ふく》む。 ●**「未満《みまん》」「超《こ》える」** →その数値《すうち》を含《ふく》まない。

例題《れいだい》の答《こた》え

問《とい》1：× 明《あき》らかに歩行者《ほこうしゃ》がいないときは、徐行《じょこう》する必要《ひつよう》はない。
問《とい》2：× 徐行《じょこう》しなければならないのは、こう配《ばい》の急《きゅう》な下《くだ》り坂《ざか》だけ。
問《とい》3：× 警笛区間内《けいてきくかんない》の交差点《こうさてん》では、見通《みとお》しの悪《わる》いときだけ警音器《けいおんき》を鳴《な》らす。
問《とい》4：× 普通自動車《ふつうじどうしゃ》のうち、三輪《さんりん》のものは80キロメートル毎時《まいじ》。
問《とい》5：× 大丈夫《だいじょうぶ》だと思《おも》い込《こ》むのは間違《まちが》い。歩道《ほどう》を横切《よこぎ》るときは必《かなら》ず一時停止《いちじていし》が必要《ひつよう》。

「原則《げんそく》」と「例外《れいがい》」に注意《ちゅうい》

交通《こうつう》ルールには「原則《げんそく》」と「例外《れいがい》」があります。問題《もんだい》にひっかからないよう、注《ちゅう》意《い》しましょう。

追越《おいこ》しの方法《ほうほう》

車《くるま》を追《お》い越《こ》すとき

原則《げんそく》	前車《ぜんしゃ》の右側《みぎがわ》を通行《つうこう》する。
例外《れいがい》	前車《ぜんしゃ》が右折《うせつ》するために道路《どうろ》の中央《ちゅうおう》（一方通行路《いっぽうつうこうろ》では右端《みぎはし》）に寄《よ》って通行《つうこう》しているときは、前車《ぜんしゃ》の左側《ひだりがわ》を通行《つうこう》する。

路面電車《ろめんでんしゃ》を追《お》い越《こ》すとき

原則《げんそく》	路面電車《ろめんでんしゃ》の左側《ひだりがわ》を通行《つうこう》する。
例外《れいがい》	軌道《きどう》が左端《ひだりはし》に寄《よ》って設《もう》けられているときは、路面電車《ろめんでんしゃ》の右側《みぎがわ》を通行《つうこう》する。

踏切《ふみきり》

原則《げんそく》	踏《ふ》み切《き》りの直前《ちょくぜん》（停止線《ていしせん》があるときは、その直前《ちょくぜん》）で一時停止《いちじていし》し、窓《まど》を開《あ》けるなどして目《め》と耳《みみ》で安全確認《あんぜんかくにん》をする。
例外《れいがい》	信号機《しんごうき》のあるところで青色《あおいろ》のときはその表示《ひょうじ》にしたがって通過《つうか》する（一時《いちじ》停止《ていし》は不要《ふよう》、安全確認《あんぜんかくにん》は必要《ひつよう》）。

駐車余地《ちゅうしゃよち》

原則《げんそく》	車《くるま》を止《と》めたとき、右側《みぎがわ》の道路上《どうろじょう》に 3.5m 以上《いじょう》の余地《よち》がとれない場所《ばしょ》には駐《ちゅう》車《しゃ》してはいけない。
例外《れいがい》	次《つぎ》の場合《ばあい》は余地《よち》がなくても駐車《ちゅうしゃ》できる。 ①荷物《にもつ》の積《つ》み下《お》ろしを行《おこな》う場合《ばあい》で、運転者《うんてんしゃ》がすぐに運転《うんてん》できるとき。 ②傷病者《しょうびょうしゃ》を救護《きゅうご》するため、やむを得《え》ないとき。

警音器《けいおんき》を鳴《な》らす場所《ばしょ》

原則《げんそく》	「警笛鳴《けいてきな》らせ」の標識《ひょうしき》がある場所《ばしょ》では警音器《けいおんき》を鳴《な》らす。その他《た》の場所《ばしょ》は原則《げんそく》鳴《な》らしてはいけない。
例外《れいがい》	危険《きけん》を防止《ぼうし》するため、やむを得《え》ない場合《ばあい》は鳴《な》らしてもよい。

夜間《やかん》、一般道路《いっぱんどうろ》への駐停車《ちゅうていしゃ》

原則《げんそく》	非常点滅表示灯《ひじょうてんめつひょうじとう》、駐車灯《ちゅうしゃとう》または尾灯《びとう》をつける。
例外《れいがい》	次《つぎ》の場合《ばあい》は灯火類《とうかるい》をつけずに駐停車《ちゅうていしゃ》できる。 ①道路照明《どうろしょうめい》などで 50m 後方《こうほう》から見《み》えるとき。 ②停止表示機材《ていしひょうじきざい》を置《お》いたとき。

乗車《じょうしゃ》・積載《せきさい》

原則《げんそく》	座席以外《ざせきいがい》に人《ひと》を乗《の》せてはいけない。
例外《れいがい》	下記《かき》の場合《ばあい》は荷台《にだい》に人《ひと》を乗《の》せられる。 ①出発地警察署長《しゅっぱつちけいさつしょちょう》の許可《きょか》を受《う》けたとき。 ②積《つ》んだ荷物《にもつ》を見張《みは》るとき（必要最小限《ひつようさいしょうげん》の人数《にんずう》に限《かぎ》る）。

原則《げんそく》	制限《せいげん》を超《こ》えて荷物《にもつ》を積《つ》んではいけない。
例外《れいがい》	分割《ぶんかつ》できない荷物《にもつ》で出発地警察署長《しゅっぱつちけいさつしょちょう》の許可《きょか》を受《う》けたとき（荷物《にもつ》の見《み》やすい位置《いち》に 0.3m 平方《へいほう》以上《いじょう》の赤《あか》い布《ぬの》を付《つ》ける）。

停留所《ていりゅうじょ》で停止中《ていしちゅう》の路面電車《ろめんでんしゃ》があるとき

原則《げんそく》	後方《こうほう》で停止《ていし》し、乗《の》り降《お》りする人《ひと》などがいなくなるのを待《ま》つ。
例外《れいがい》	下記《かき》の場合《ばあい》は徐行《じょこう》して進《すす》める。 ①安全地帯《あんぜんちたい》があるとき。 ②安全地帯《あんぜんちたい》がなく乗降客《じょうこうきゃく》がいない場合《ばあい》で、路面電車《ろめんでんしゃ》との間《あいだ》に 1.5 m以上《いじょう》の間隔《かんかく》がとれるとき。

覚《おぼ》えておきたいおもな標識《ひょうしき》

試験《しけん》に出題《しゅつだい》されやすい標識《ひょうしき》です。巻頭《かんとう》の一覧表《いちらんひょう》も参照《さんしょう》しておきましょう。

標識《ひょうしき》の区分《くぶん》

- 標識《ひょうしき》
  - 本標識《ほんひょうしき》（規制《きせい》・指示《しじ》・警戒《けいかい》・案内《あんない》の４種類《しゅるい》がある）
  - 補助標識《ほじょひょうしき》（本標識《ほんひょうしき》に取《と》り付《つ》けられ、意味《いみ》を補足《ほそく》する）

規制標識《きせいひょうしき》

特定《とくてい》の方法《ほうほう》を禁止《きんし》、または特定《とくてい》の方法《ほうほう》にしたがって通行《つうこう》するよう指定《してい》します。

車両通行止《しゃりょうつうこうど》め

自動車《じどうしゃ》・原動《げんどう》機付《きつき》自転《じてん》車《しゃ》・軽車両《けいしゃりょう》は通行《つうこう》できない。

二輪《にりん》の自動車《じどうしゃ》以外《いがい》の自動車《じどうしゃ》通行止《つうこうど》め

二輪《にりん》の自動車《じどうしゃ》以外《いがい》の自《じ》動車《どうしゃ》は通行《つうこう》できない。

追越《おいこ》しのための右側《みぎがわ》部分《ぶぶん》はみ出《だ》し通行禁止《つうこうきんし》

車《くるま》は、道路《どうろ》の右側《みぎがわ》部分《ぶぶん》にはみ出《だ》して追《お》い越《こ》しをしてはいけない。

駐車禁止《ちゅうしゃきんし》

車《くるま》は、駐車《ちゅうしゃ》をしてはいけない。数字《すうじ》は禁止《きんし》の時間帯《じかんたい》を示《しめ》す。

指定方向外進行禁止《していほうこうがいしんこうきんし》

矢印方向以外《やじるしほうこういがい》への車《くるま》の進行禁止《しんこうきんし》。

車両横断禁止《しゃりょうおうだんきんし》

車《くるま》の横断《おうだん》の禁止《きんし》（道路《どうろ》左側《ひだりがわ》に面《めん》した施設《しせつ》または場所《ばしょ》に出入《でい》りするための横断《おうだん》を除《のぞ》く）。

最低速度《さいていそくど》

自動車《じどうしゃ》は表示《ひょうじ》された速《そく》度《ど》未満《みまん》の速度《そくど》で運転《うんてん》してはいけない。

徐行《じょこう》

徐行《じょこう》すべき場所《ばしょ》を示《しめ》す。

一時停止《いちじていし》

車《くるま》は、一時停止《いちじていし》しなければならない。

転回禁止《てんかいきんし》

車《くるま》は、転回《てんかい》（Uターン）をしてはいけない。

駐停車禁止《ちゅうていしゃきんし》

車《くるま》は、駐車《ちゅうしゃ》や停車《ていしゃ》をしてはいけない（8時《じ》から20時《じ》まで）。

車両進入禁止《しゃりょうしんにゅうきんし》

車《くるま》は、標識《ひょうしき》の示《しめ》す方向《ほうこう》から進入《しんにゅう》してはいけない。

通行止《つうこうど》め

歩行者《ほこうしゃ》、車《くるま》、路面電車《ろめんでんしゃ》は、通行《つうこう》してはいけない。

大型乗用自動車等《おおがたじょうようじどうしゃとう》通行止《つうこうど》め

大型乗用自動車《おおがたじょうようじどうしゃ》・中型《ちゅうがた》乗用自動車《じょうようじどうしゃ》は通行《つうこう》してはいけないが、乗車定員《じょうしゃていいん》10人以下《にんいか》の普通乗用自動車《ふつうじょうようじどうしゃ》は通行《つうこう》してもよい。

自動車専用《じどうしゃせんよう》

高速道路《こうそくどうろ》（高速自動車《こうそくじどうしゃ》国道《こくどう》または自動車専用《じどうしゃせんよう》道路《どうろ》）を示《しめ》す。原動機《げんどうき》付自転車《つきじてんしゃ》は通行《つうこう》してはいけない。

自転車《じてんしゃ》および歩行者専用《ほこうしゃせんよう》

自転車《じてんしゃ》と歩行者《ほこうしゃ》の専用《せんよう》道路《どうろ》であることを示《しめ》す。普通自転車以外《ふつうじてんしゃいがい》の車《くるま》は通行《つうこう》してはいけない。

歩行者専用《ほこうしゃせんよう》

歩行者専用道路《ほこうしゃせんようどうろ》であることを示《しめ》す。車《くるま》は原則《げんそく》として通行《つうこう》してはいけない。

警笛鳴《けいてきな》らせ

車《くるま》は、警音器《けいおんき》を鳴《な》らさなければならない。

警笛区間《けいてきくかん》

車《くるま》は、区間内《くかんない》の指定《してい》の場所《ばしょ》で警音器《けいおんき》を鳴《な》らさなければならない。

車両通行区分《しゃりょうつうこうくぶん》

標示板《ひょうじばん》に示《しめ》された車《くるま》は、通行区分《つうこうくぶん》に従《したが》って通行《つうこう》しなければならない。

高《たか》さ制限《せいげん》

車《くるま》の地上高《ちじょうこう》を制限《せいげん》する。

最大幅《さいだいはば》

車《くるま》の最大幅《さいだいはば》を制限《せいげん》する。

一方通行《いっぽうつうこう》

車《くるま》は、矢印《やじるし》の示《しめ》す方向《ほうこう》の反対方向《はんたいほうこう》に通行《つうこう》してはいけない。

進行方向別通行区分《しんこうほうこうべつつうこうくぶん》

車《くるま》が交差点《こうさてん》で進行《しんこう》する方向別《ほうこうべつ》の通行区分《つうこうくぶん》（直進《ちょくしん》、右左折《うさせつ》）を示《しめ》す。

指示標識《しじひょうしき》

特定《とくてい》の交通方法《こうつうほうほう》が可能《かのう》なことや、道路交通法上《どうろこうつうほうじょう》、定《さだ》められた場所《ばしょ》などを指示《しじ》します。

横断歩道《おうだんほどう》

横断歩道《おうだんほどう》であることを示《しめ》す。

軌道敷内通行可《きどうしきないつうこうか》

自動車《じどうしゃ》は、軌道敷内《きどうしきない》を通行《つうこう》できる（原動機付《げんどうきつき》自転車《じてんしゃ》は対象外《たいしょうがい》）。

駐車可《ちゅうしゃか》

駐車《ちゅうしゃ》が可能《かのう》であることを示《しめ》す。

停止線《ていしせん》

車両《しゃりょう》が停止《ていし》する場合《ばあい》の位置《いち》を示《しめ》す。

中央線《ちゅうおうせん》

道路《どうろ》の中央《ちゅうおう》、または中央線《ちゅうおうせん》であることを示《しめ》す。

優先道路《ゆうせんどうろ》

優先道路《ゆうせんどうろ》であることを示《しめ》す。

自転車横断帯《じてんしゃおうだんたい》

自転車横断帯《じてんしゃおうだんたい》であることを示《しめ》す。

安全地帯《あんぜんちたい》

安全地帯《あんぜんちたい》であることを示《しめ》す。

補助標識《ほじょひょうしき》

本標識《ほんひょうしき》に取《と》り付《つ》けられ、本標識《ほんひょうしき》の意味《いみ》を補足《ほそく》します。

日《ひ》・時間《じかん》

本標識《ほんひょうしき》が表示《ひょうじ》する規制《きせい》の、適用《てきよう》される時間帯《じかんたい》や曜日《ようび》を示《しめ》す。

区間内《くかんない》・区域内《くいきない》

本標識《ほんひょうしき》が表示《ひょうじ》する交通《こうつう》規制《きせい》の区間内《くかんない》・区域内《くいきない》であることを示《しめ》す。

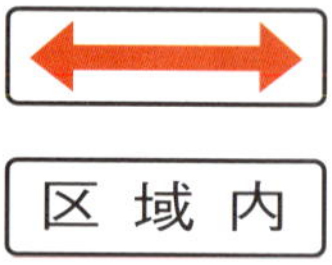

始《はじ》まり

本標識《ほんひょうしき》が示《しめ》す交通規制《こうつうきせい》の始《はじ》まりを示《しめ》す。

終《お》わり

本標識《ほんひょうしき》を示《しめ》す交通規制《こうつうきせい》の終《お》わりを示《しめ》す。

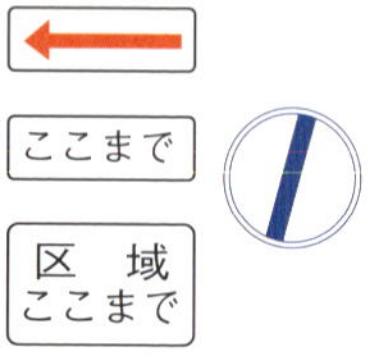

注意《ちゅうい》

車両《しゃりょう》または路面電車《ろめんでんしゃ》の運転上注意《うんてんじょうちゅうい》の必要《ひつよう》があることを示《しめ》す。

駐車余地《ちゅうしゃよち》

自動車《じどうしゃ》が駐車《ちゅうしゃ》する場合《ばあい》に、当該《とうがい》自動車《じどうしゃ》の右側《みぎがわ》の道路上《どうろじょう》にとらなければならない余地《よち》を示《しめ》す。

車両《しゃりょう》の種類《しゅるい》

本標識《ほんひょうしき》が示《しめ》す交通規制《こうつうきせい》の対象《たいしょう》となる車《くるま》の種類《しゅるい》を示《しめ》す。

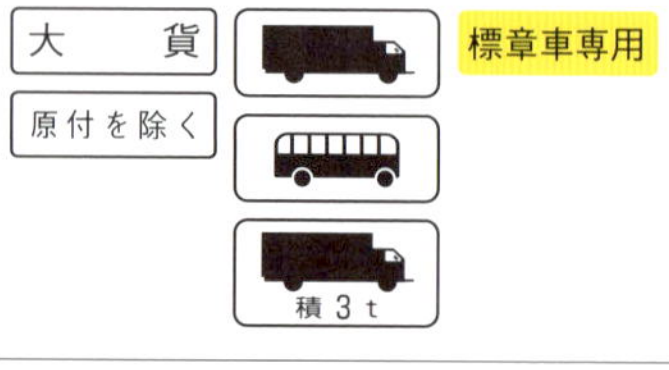

警戒標識《けいかいひょうしき》

道路上《どうろじょう》の危険《きけん》や注意《ちゅうい》すべき状況《じょうきょう》を、あらかじめ道路《どうろ》の利用者《りようしゃ》に知《し》らせ、注意《ちゅうい》をうながします。

学校《がっこう》、幼稚園《ようちえん》、保育所《ほいくじょ》などあり

近《ちか》くに学校《がっこう》・幼稚園《ようちえん》・保育所《ほいくじょ》などがあることを示《しめ》す。

合流交通《ごうりゅうこうつう》あり

前方《ぜんぽう》に合流《ごうりゅう》する道路《どうろ》があることを示《しめ》す。

車線数減少《しゃせんすうげんしょう》

前方《ぜんぽう》の道路《どうろ》の車線数《しゃせんすう》が少《すく》なくなることを示《しめ》す。

踏切《ふみきり》あり

前方《ぜんぽう》に踏切《ふみきり》があることを示《しめ》す。

十形道路交差点《じゅうがたどうろこうさてん》あり

十字道路交差点《じゅうじどうろこうさてん》があることを示《しめ》す。

T形道路交差点《がたどうろこうさてん》あり

Ｔ字道路交差点《じどうろこうさてん》があることを示《しめ》す。

Y形道路交差点《がたどうろこうさてん》あり

Ｙ字道路交差点《じどうろこうさてん》があることを示《しめ》す。

ロータリーあり

ロータリーがあることを示《しめ》す。

幅員減少《ふくいんげんしょう》

道幅《みちはば》が狭《せま》くなっていることを示《しめ》す。

落石《らくせき》のおそれあり

落石《らくせき》のおそれがあることを示《しめ》す。

すべりやすい

道路《どうろ》がすべりやすいことを示《しめ》す。

二方向交通《にほうこうこうつう》

対面通行《たいめんつうこう》の道路《どうろ》であることを示《しめ》す。

【例題《れいだい》】

【問《とい》1】図《ず》1の標識《ひょうしき》のあるところでは、歩《ほ》行者《こうしゃ》、車《くるま》、路面電車《ろめんでんしゃ》のすべてが通《つう》行《こう》できない。

図《ず》1

【問《とい》2】図《ず》2の標識《ひょうしき》のあるところでは、どんな車《くるま》でも歩行者《ほこうしゃ》に注意《ちゅうい》して徐行《じょこう》すれば通《とお》ることができる。

図《ず》2

【問《とい》3】図《ず》3の標識《ひょうしき》のある交差点《こうさてん》では必《かなら》ず一時停止《いちじていし》しなければいけない。

図《ず》3

答《こたえ》1 ○ 図《ず》1は「通行止《つうこうど》め」の標識《ひょうしき》。歩行者《ほこうしゃ》、車《くるま》（自動車《じどうしゃ》、原動機付自転車《げんどうきつきじてんしゃ》、軽車両《けいしゃりょう》）、路面電車《ろめんでんしゃ》のすべてが通行《つうこう》できない。

答《こたえ》2 × 図《ず》2は「歩行者専用《ほこうしゃせんよう》」の標識《ひょうしき》。沿道《えんどう》に車庫《しゃこ》を持《も》つなどで特《とく》に通行《つうこう》が認《みと》められた車以外《くるまいがい》は通行《つうこう》できない。

答《こたえ》3 × 図《ず》3は「停止線《ていしせん》」の標識《ひょうしき》だが、車《くるま》の停止位置《ていしいち》を示《しめ》すものであって、必《かなら》ずしも一時停止《いちじていし》する必要《ひつよう》はない。

覚《おぼ》えておきたいおもな標示《ひょうじ》

試験《しけん》に出題《しゅつだい》されやすい標示《ひょうじ》です。巻頭《かんとう》の一覧表《いちらんひょう》も参照《さんしょう》しておきましょう。

標示《ひょうじ》の区分《くぶん》

標示《ひょうじ》
- 規制標示《きせいひょうじ》（特定《とくてい》の交通方法《こうつうほうほう》の禁止《きんし》または指定《してい》）
- 指示標示《しじひょうじ》（特定《とくてい》の交通《こうつう》ができること、決《き》められた場所《ばしょ》の指示《しじ》）

規制標示《きせいひょうじ》

特定《とくてい》の交通方法《こうつうほうほう》を禁止《きんし》または指定《してい》します。

転回禁止《てんかいきんし》

車両《しゃりょう》は転回《てんかい》できない。数字《すうじ》は禁止《きんし》の時間帯《じかんたい》を示《しめ》す。

進路変更禁止《しんろへんこうきんし》

Aの車両通行帯《しゃりょうつうこうたい》を通行《つうこう》する車両《しゃりょう》がBを通行《つうこう》することおよび、Bの車両通《しゃりょうつう》行帯《こうたい》を通行《つうこう》する車両《しゃりょう》がAを通行《つうこう》することを禁止《きんし》。

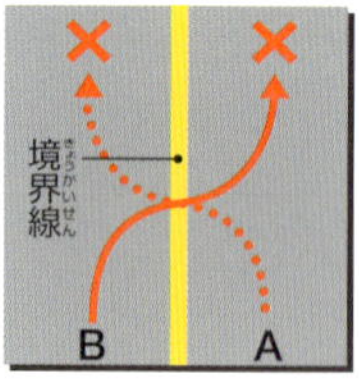

Bの車両通行帯《しゃりょうつうこうたい》を通行《つうこう》する車両《しゃりょう》が、Aの車両《しゃりょう》通行帯《つうこうたい》を通行《つうこう》することを禁止《きんし》。

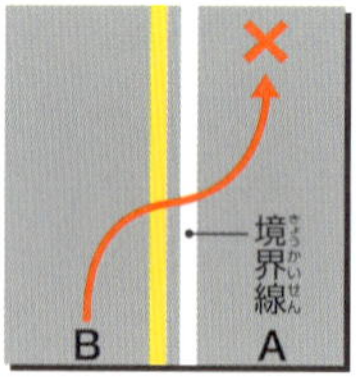

終《お》わり

規制標示《きせいひょうじ》が表示《ひょうじ》する交《こう》通規制《つうきせい》の区間《くかん》の終《お》わりであることを示《しめ》す。

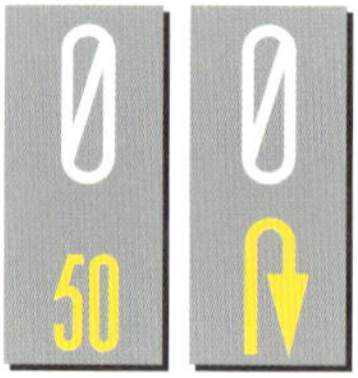

追《お》い越《こ》しのための右側部分《みぎがわぶぶん》はみ出《だ》し通行禁止《つうこうきんし》

AおよびBの部分《ぶぶん》の右《みぎ》側部分《がわぶぶん》はみ出《だ》し追越《おいこ》し禁止《きんし》。

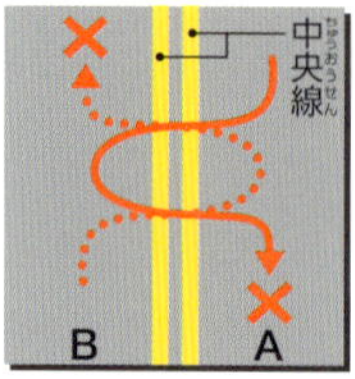

AおよびBの部分《ぶぶん》の右《みぎ》側部分《がわぶぶん》はみ出《だ》し追越《おいこ》し禁止《きんし》。

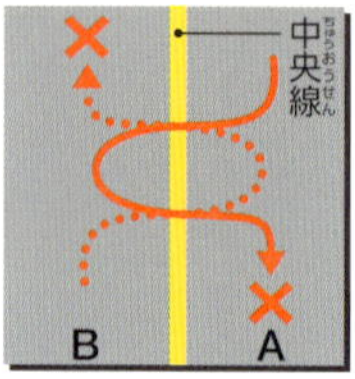

Bの部分《ぶぶん》からAの部分《ぶぶん》へのはみ出《だ》し追越《おいこ》し禁止《きんし》。

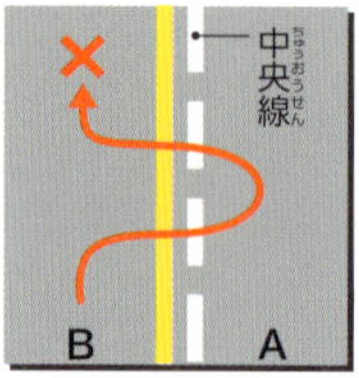

※はみ出《だ》さなければ追《お》い越《こ》しができるので注意《ちゅうい》する。

路側帯《ろそくたい》
歩行者《ほこうしゃ》と軽車両《けいしゃりょう》が通行《つうこう》でき、幅《はば》が0.75メートルを超《こ》える場合《ばあい》は、路《ろ》側帯《そくたい》に入《はい》って駐停車《ちゅうていしゃ》できる。

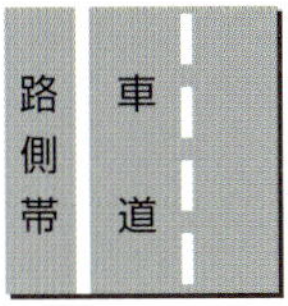

車両通行区分《しゃりょうつうこうくぶん》
車《くるま》の種類《しゅるい》によって通行《つうこう》位置《いち》が指定《してい》された車両《しゃりょう》通行帯《つうこうたい》を示《しめ》す。

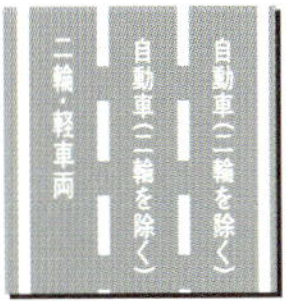

専用通行帯《せんようつうこうたい》
標示《ひょうじ》された車《くるま》（路線《ろせん》バス等《とう》）の専用通行帯《せんようつうこうたい》であることを示《しめ》す（7時〜9時《じ》）。原動機付自転車《げんどうきつきじてんしゃ》は通行《つうこう》できる。

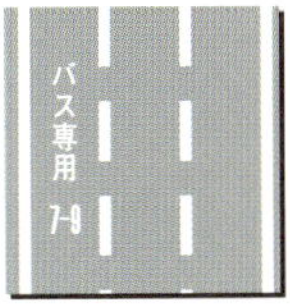

駐車禁止《ちゅうしゃきんし》
駐車《ちゅうしゃ》が禁止《きんし》されていることを示《しめ》す。

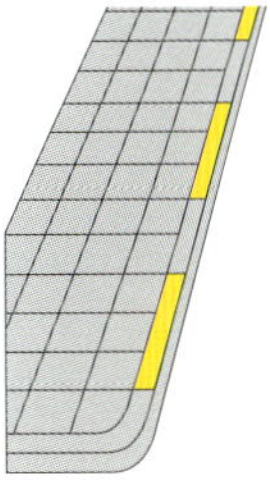

駐停車禁止路側帯《ちゅうていしゃきんしろそくたい》
車《くるま》は標示内《ひょうじない》に駐停車《ちゅうていしゃ》してはいけない。歩行者《ほこうしゃ》と軽車両《けいしゃりょう》は通行《つうこう》できる。

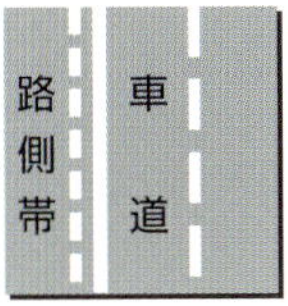

歩行者用路側帯《ほこうしゃようろそくたい》
歩行者《ほこうしゃ》だけしか通行《つうこう》できない。車《くるま》は標示内《ひょうじない》に駐停車《ちゅうていしゃ》してはいけない。

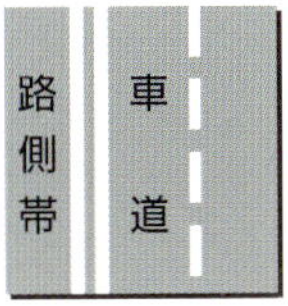

優先本線車道《ゆうせんほんせんしゃどう》
標示《ひょうじ》がある本線車道《ほんせんしゃどう》と合流《ごうりゅう》する前方《ぜんぽう》の本線車《ほんせんしゃ》道《どう》が優先道路《ゆうせんどうろ》であることを表《あらわ》す。

最高速度《さいこうそくど》
車両《しゃりょう》および路面電車《ろめんでんしゃ》の最高速度《さいこうそくど》を示《しめ》す。

右左折《うさせつ》の方法《ほうほう》
車《くるま》が交差点《こうさてん》で右左折《うさせつ》するとき、通行《つうこう》しなければいけない部分《ぶぶん》を示《しめ》す。

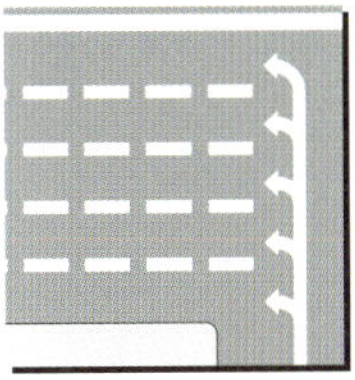

立入《たちい》り禁止部分《きんしぶぶん》
黄線内《きせんない》への車《くるま》の立《た》ち入《い》りが禁止《きんし》されていることを示《しめ》す。

停止禁止部分《ていしきんしぶぶん》
白線内《はくせんない》での車両《しゃりょう》および路面電車《ろめんでんしゃ》の停止《ていし》が禁止《きんし》されていることを示《しめ》す。

駐停車禁止《ちゅうていしゃきんし》
駐車《ちゅうしゃ》と停車《ていしゃ》が禁止《きんし》されていることを示《しめ》す。破《は》線《せん》なら駐車禁止《ちゅうしゃきんし》のみ。

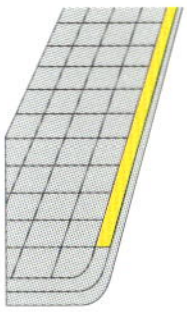

特定《とくてい》の種類《しゅるい》の車両《しゃりょう》の通行区分《つうこうくぶん》
通行位置《つうこういち》が指示《しじ》されている車《くるま》はそれに従《したが》う。

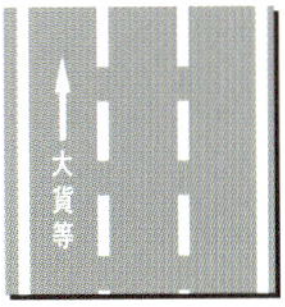

指示標示《しじひょうじ》

特定《とくてい》の交通方法《こうつうほうほう》ができること、道路交通法上決《どうろこうつうほうじょうき》められた場所《ばしょ》などを指示《しじ》します。

横断歩道《おうだんほどう》

横断歩道《おうだんほどう》であることを示《しめ》す。

自転車横断帯《じてんしゃおうだんたい》

自転車《じてんしゃ》が道路《どうろ》を横断《おうだん》する場所《ばしょ》であることを示《しめ》す。

右側通行《みぎがわつうこう》

道路《どうろ》の右側部分《みぎがわぶぶん》にはみ出《だ》して通行《つうこう》できることを示《しめ》す。

二段停止線《にだんていしせん》

二輪車《にりんしゃ》と二輪車以外《にりんしゃいがい》の車《くるま》の停止位置《ていしいち》をそれぞれ示《しめ》す。

進行方向《しんこうほうこう》

矢印《やじるし》の方向《ほうこう》に進行《しんこう》できることを示《しめ》す。

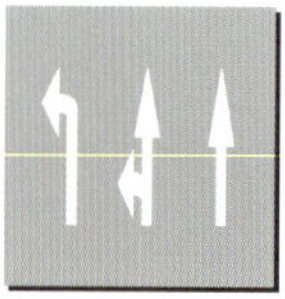

安全地帯《あんぜんちたい》

黄色《きいろ》で囲《かこ》われた範囲《はんい》が安全地帯《あんぜんちたい》であることを示《しめ》す。

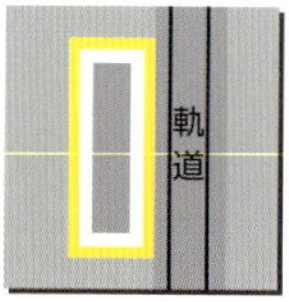

横断歩道《おうだんほどう》または自転車横断帯《じてんしゃおうだんたい》あり

前方《ぜんぽう》に横断歩道《おうだんほどう》や自転車横断帯《じてんしゃおうだんたい》があることを示《しめ》す。

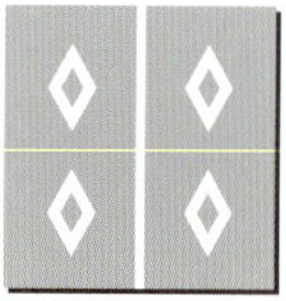

前方優先道路《ぜんぽうゆうせんどうろ》

前方《ぜんぽう》の道路《どうろ》が優先道路《ゆうせんどうろ》であることを示《しめ》す（標示《ひょうじ》のある道路《どうろ》は優先道路《ゆうせんどうろ》ではない）。

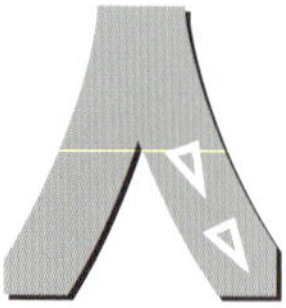

停止線《ていしせん》

車《くるま》が停止《ていし》する位置《いち》を表《あらわ》す。

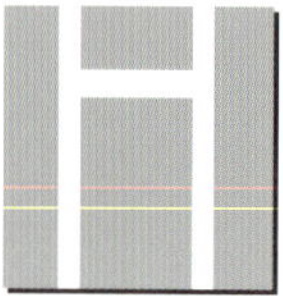

路面電車停留場《ろめんでんしゃていりゅうじょう》

路面電車《ろめんでんしゃ》の停留所《ていりゅうじょ》であることを表《あらわ》す。

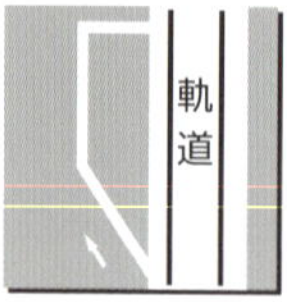

安全地帯《あんぜんちたい》または路上障害物《ろじょうしょうがいぶつ》に接近《せっきん》

前方《ぜんぽう》に安全地帯《あんぜんちたい》または路上障害物《ろじょうしょうがいぶつ》があり、これに接近《せっきん》していることを表《あらわ》す。

片側《かたがわ》に避《さ》ける

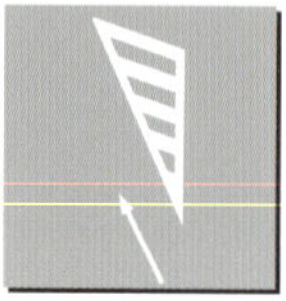

両側《りょうがわ》に避《さ》ける

中央線《ちゅうおうせん》

道路《どうろ》の中央《ちゅうおう》か中央線《ちゅうおうせん》を示《しめ》す。

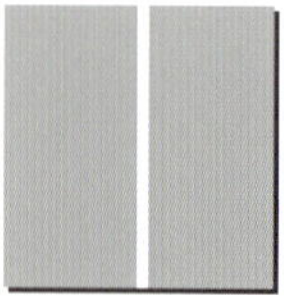

導流帯《どうりゅうたい》

車《くるま》の通行《つうこう》を安全《あんぜん》で円滑《えんかつ》に誘導《ゆうどう》するため、車《くるま》が通《とお》らないようにしている道路《どうろ》の部分《ぶぶん》であることを示《しめ》す。

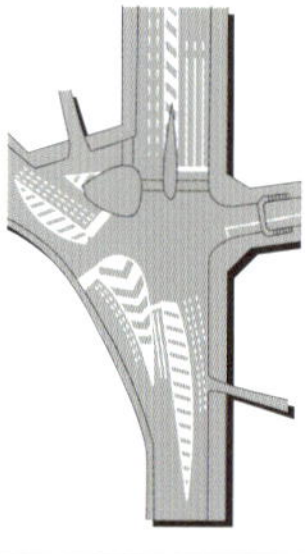

路側帯《ろそくたい》の種類《しゅるい》

規制標示《きせいひょうじ》である路側帯《ろそくたい》には以下《いか》の３種類《しゅるい》があります。

歩行者《ほこうしゃ》と軽車両《けいしゃりょう》が通行《つうこう》できる路《ろ》側帯《そくたい》。	路側帯《ろそくたい》に入《はい》っての車《くるま》の駐車《ちゅうしゃ》と停《てい》車《しゃ》が禁止《きんし》されている駐停車禁止《ちゅうていしゃきんし》路側帯《ろそくたい》。	路側帯《ろそくたい》に入《はい》っての車《くるま》の駐停車《ちゅうていしゃ》、軽車両《けいしゃりょう》の通行《つうこう》が禁止《きんし》されている歩行者用路側帯《ほこうしゃようろそくたい》。
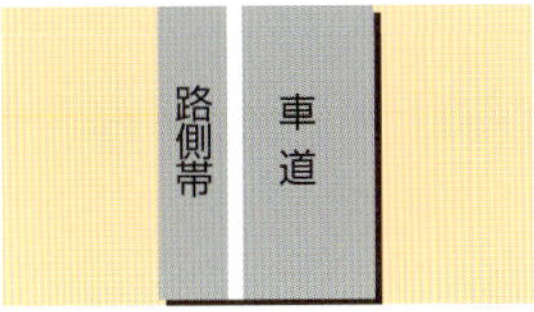	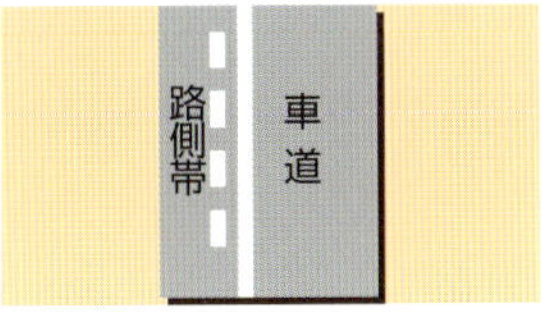	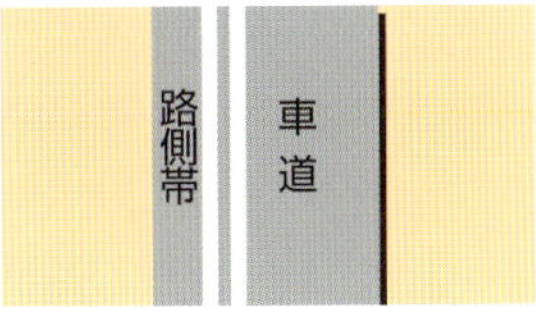

※標識《ひょうしき》や標示《ひょうじ》は、自動車《じどうしゃ》・原動機付自転車《げんどうきつきじてんしゃ》・歩行者《ほこうしゃ》のどれに対《たい》する規制《きせい》をしているのかを確認《かくにん》。時間制限駐車区間《じかんせいげんちゅうしゃくかん》は、表示《ひょうじ》された時間《じかん》を超《こ》えて駐車《ちゅうしゃ》してはいけない。重量《じゅうりょう》・高《たか》さ・最大幅《さいだいはば》の制限《せいげん》は、指定《してい》された数字《すうじ》を「超《こ》える」ものが規制《きせい》される

【例題《れいだい》】

【問《とい》１】図《ず》１の標示《ひょうじ》は立《た》ち入《い》り禁止《きんし》部分《ぶぶん》を示《しめ》す。

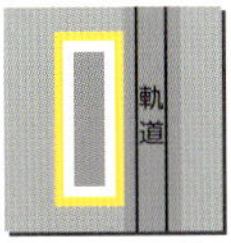

図《ず》１

【問《とい》２】図《ず》２の標示《ひょうじ》のあるところでは後退《こうたい》が禁止《きんし》されている。

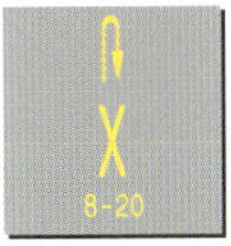

図《ず》２

【問《とい》３】図《ず》３の標示《ひょうじ》があるときは、前方《ぜんぽう》に横断歩道《おうだんほどう》または自転《じてん》車横断帯《しゃおうだんたい》があるという意味《いみ》である。

図《ず》３

【問《とい》４】図《ず》４の路側帯《ろそくたい》のある道路《どうろ》では、車《くるま》は路側帯内《ろそくたいない》に駐停車《ちゅうていしゃ》できない。

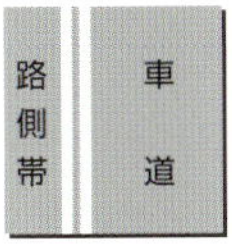

図《ず》４

【問《とい》５】図《ず》５の指示標示《しじひょうじ》があるところでは、車《くるま》は道路《どうろ》の右側部《みぎがわぶ》分《ぶん》にはみ出《だ》して通行《つうこう》することができる。

図《ず》５

答《こたえ》１　×　図《ず》１は「安全地帯《あんぜんちたい》」の標示《ひょうじ》。黄色《きいろ》で囲《かこ》われた範囲《はんい》が安全地帯《あんぜんちたい》であることを示《しめ》す。

答《こたえ》２　×　図《ず》２の標示《ひょうじ》は「転回禁止《てんかいきんし》」の標示《ひょうじ》で、後退《こうたい》は禁止《きんし》されていない。

答《こたえ》３　○　道路《どうろ》に図《ず》３「横断歩道《おうだんほどう》または自転車《じてんしゃ》横断帯《おうだんたい》あり」の指示標示《しじひょうじ》があるときは、前方《ぜんぽう》に横断歩道《おうだんほどう》または自転車横《じてんしゃおう》断帯《だんたい》があるという意味《いみ》である。

答《こたえ》４　○　図《ず》４「歩行者用路側帯《ほこうしゃようろそくたい》」のある道路《どうろ》では、車《くるま》は路側帯内《ろそくたいない》に駐停車《ちゅうていしゃ》できない。

答《こたえ》５　○　図《ず》５は、「右側通行《みぎがわつうこう》」を表《あらわ》す指示標示《しじひょうじ》。道路《どうろ》の右側《みぎがわ》にはみ出《だ》して通行《つうこう》することができる。

イラスト問題《もんだい》の攻略《こうりゃく》ポイント

危険予測《きけんよそく》イラスト問題《もんだい》とは？

原付免許《げんつきめんきょ》の学科試験《がっかしけん》では、危険《きけん》を予測《よそく》した運転《うんてん》に関《かん》する問題《もんだい》が２問出題《もんしゅつだい》されます。出題《しゅつだい》はイラストと文章《ぶんしょう》を組《く》み合《あ》わせた形式《けいしき》で、その中《なか》にどのような危険《きけん》がひそんでいるかを答《こた》えます。設問《せつもん》は２問《もん》それぞれに（１）～（３）まであり、それぞれの正誤《せいご》を判断《はんだん》。配点《はいてん》は１問《もん》２点《てん》で、３つの設問《せつもん》すべてに正解《せいかい》しないと得点《とくてん》になりません。また、『正《せい》』は１つとは限《かぎ》らず、すべてが『誤《ご》』の場合《ばあい》もあります。

危険予測《きけんよそく》イラスト問題《もんだい》の攻略《こうりゃく》ポイント

①「見《み》えないところ」にも注意《ちゅうい》！
……危険《きけん》は見《み》えるところ以外《いがい》からもやってくる

②「～するはずなので」「～と思《おも》われるので」という表現《ひょうげん》には注意《ちゅうい》！
……思《おも》い込《こ》みで運転《うんてん》することは危険《きけん》

③「そのままの速度《そくど》で」という表現《ひょうげん》には注意《ちゅうい》！
……徐行《じょこう》や停止《ていし》が必要《ひつよう》かどうかを問《と》う場合《ばあい》が多《おお》い

④「すばやく」「急《いそ》いで」という表現《ひょうげん》には注意《ちゅうい》！
……急《きゅう》ハンドルや急《きゅう》ブレーキの必要性《ひつようせい》を問《と》う場合《ばあい》が多《おお》い

⑤「自分《じぶん》の行動《こうどう》・他者《たしゃ》（車《くるま》）の行動《こうどう》・周囲《しゅうい》の状況《じょうきょう》」に神経《しんけい》を配《くば》る
……危険予測《きけんよそく》の問題《もんだい》では、これら３つの要素《ようそ》を考《かんが》えさせる場合《ばあい》が多《おお》い

イラストのここをチェック！

車《くるま》のかげに注意《ちゅうい》！
見《み》えないところから対向《たいこう》車《しゃ》が来《く》るかもしれない

信号機《しんごうき》に注意《ちゅうい》！
対向車《たいこうしゃ》で見《み》えない場合《ばあい》や点滅《てんめつ》などさまざまな状況《じょうきょう》がある

方向指示器《ほうこうしじき》に注意《ちゅうい》！
合図《あいず》の有無《うむ》、指示《しじ》を出《だ》している方向《ほうこう》などを確認《かくにん》

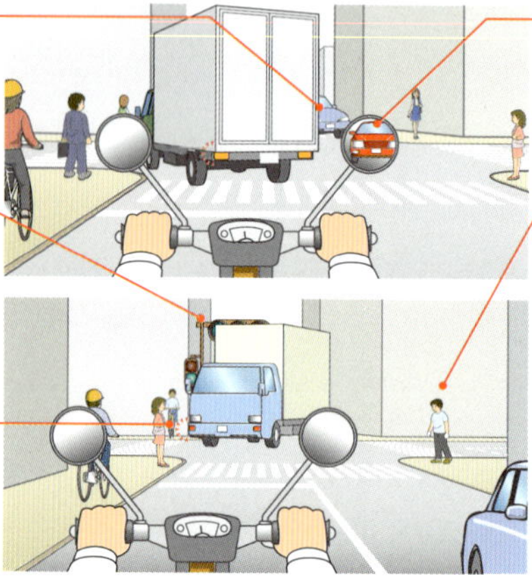

ミラーに注意《ちゅうい》！
後続車《こうぞくしゃ》などが危険予測《きけんよそく》の手《て》がかりになる

歩行者《ほこうしゃ》に注意《ちゅうい》！
車《くるま》だけでなく歩行者《ほこうしゃ》や自転車《じてんしゃ》の動《うご》きにも気《き》を配《くば》る

天候《てんこう》や地形《ちけい》に注意《ちゅうい》！
天候《てんこう》や地形《ちけい》も危険《きけん》を予《よ》測《そく》するうえでの手《て》がかりになる

危険《きけん》予測《よそく》の例題《れいだい》

Q1

30km /h で進行《しんこう》しています。交差点《こうさてん》にさしかかったとき、先頭《せんとう》の対向車《たいこうしゃ》が右《う》折《せつ》のため前《まえ》を横切《よこぎ》り始《はじ》めました。どのようなことに注意《ちゅうい》して運転《うんてん》しますか。

(1) 先頭《せんとう》の車《くるま》のあとに後続車《こうぞくしゃ》も右折《うせつ》する可能性《かのうせい》があるので、すぐに止《と》まれる状態《じょうたい》で進行《しんこう》する。
(2) 右折《うせつ》を始《はじ》めた車《くるま》が通過《つうか》したあとに直進《ちょくしん》できるよう、速度《そくど》を保《たも》つ。
(3) 直進車《ちょくしんしゃ》が優先《ゆうせん》されるから、警笛《けいてき》を鳴《な》らして加速《かそく》しながら進行《しんこう》する。

Q2

雨《あめ》の日《ひ》に20km/hで進行《しんこう》しています。どのようなことに注意《ちゅうい》して運転《うんてん》しますか。

(1) 水《みず》たまりやぬれた落《お》ち葉《ば》はスリップの原因《げんいん》になるので、ハンドル操作《そうさ》しながら避《さ》ける。
(2) 対向車《たいこうしゃ》が水《みず》たまりや落《お》ち葉《ば》を避《さ》けるため、センターラインを越《こ》えてくるおそれがあるので、減速《げんそく》しながら道路《どうろ》の左端《ひだりはし》に寄《よ》る。
(3) 落《お》ち葉《ば》や水《みず》たまりは滑《すべ》りやすいのでブレーキは使《つか》わず、そのままの速度《そくど》で走行《そうこう》する。

解答《かいとう》のポイント

A1　右折《うせつ》を始《はじ》めた車《くるま》があるときは、その後《うし》ろの車《くるま》に注意《ちゅうい》を払《はら》うこと

(1) ○ 右折待《うせつま》ちの車《くるま》が連《つら》なっているとき、先頭《せんとう》に続《つづ》いて後続《こうぞく》の車《くるま》が右折《うせつ》することを予測《よそく》しなければならない。
(2) × (1)の通《とお》り、後続《こうぞく》の右折車《うせつしゃ》に注意《ちゅうい》して速度《そくど》を落《お》とす。
(3) × 対向車《たいこうしゃ》が右折《うせつ》を始《はじ》めたら、加速《かそく》せずに速度《そくど》を落《お》とす。

A2　雨《あめ》の日《ひ》は道路《どうろ》が滑《すべ》りやすいので速度《そくど》を落《お》とすのが原則《げんそく》

(1) × 滑《すべ》りやすい道路《どうろ》で障害物《しょうがいぶつ》を避《さ》けるのに、ハンドル操作《そうさ》を行《おこな》うのは危険《きけん》。
(2) ○ 対向車《たいこうしゃ》がセンターラインを越《こ》えて走行《そうこう》するおそれがあるときは、減速《げんそく》しながら避《さ》ける。
(3) × 道路《どうろ》が滑《すべ》りやすい状況《じょうきょう》では速度《そくど》を落《お》とすのが原則《げんそく》。ブレーキをかけるときもあらかじめ減速《げんそく》してから。

Q3

30km /h で進行《しんこう》しています。どのようなことに注意《ちゅうい》して運転《うんてん》しますか。

(1) 歩道《ほどう》にいる人《ひと》に呼《よ》び止《と》められたタクシーが急停止《きゅうていし》する可能性《かのうせい》があるので、速度《そくど》を落《お》とす。

(2) 前方《ぜんぽう》を走《はし》るタクシーが、客《きゃく》を乗《の》せるために停止《ていし》するかもしれないので、センターライン寄《よ》りを、そのままの速度《そくど》で進行《しんこう》する。

(3) タクシーの右側《みぎがわ》を通過《つうか》するとき、後続《こうぞく》の車《くるま》が接近《せっきん》するおそれがあるので、ハンドル操作《そうさ》をするときは後方《こうほう》にも十分注意《じゅうぶんちゅうい》をする。

Q4

交差点《こうさてん》を直進《ちょくしん》します。どのようなことに注意《ちゅうい》して運転《うんてん》しますか。

(1) 右前方《みぎぜんぽう》の車《くるま》が交差点《こうさてん》を通過《つうか》する前《まえ》に右折《うせつ》してくるかもしれないので、徐行《じょこう》しながら交差点《こうさてん》に入《はい》る。

(2) 右折車《うせつしゃ》や車《くるま》の後《うし》ろから歩行者《ほこうしゃ》が飛《と》び出《だ》してくるおそれがあるので、道路《どうろ》の左側《ひだりがわ》を通行《つうこう》し、徐行《じょこう》する。

(3) 後続《こうぞく》の車《くるま》が無理《むり》な追《お》い越《こ》しをしてくるかもしれないので、後方《こうほう》にも十分注意《じゅうぶんちゅうい》する。

解答《かいとう》のポイント

A3

(1) ○
(2) ×
(3) ○

客《きゃく》を乗《の》せようとしているタクシーは、急停止《きゅうていし》する可能性《かのうせい》があるので、後《うし》ろを走《はし》るときは速度《そくど》に気《き》をつける。また、停止《ていし》したタクシーの右側《みぎがわ》を通行《つうこう》するときは、後続《こうぞく》の車《くるま》の動《うご》きにも十分注意《じゅうぶんちゅうい》しなければならない。

A4

(1) ○
(2) ○
(3) ○

対向車《たいこうしゃ》の右折《うせつ》と自車《じしゃ》の直進《ちょくしん》では、直進《ちょくしん》が優先《ゆうせん》されるが、右折待《うせつま》ちをしている対向車《たいこうしゃ》が先《さき》に右折《うせつ》をしないとはかぎらない。また、たとえ自車《じしゃ》の進行方向《しんこうほうこう》の信号《しんごう》が青色《あおいろ》でも、他車《たしゃ》の後《うし》ろから歩行者《ほこうしゃ》が飛《と》び出《だ》してくることが考《かんが》えられる。そうした状況《じょうきょう》に対応《たいおう》するため、速度《そくど》を落《お》としながら交差点《こうさてん》に進入《しんにゅう》し、後続《こうぞく》の車《くるま》にも十分注意《じゅうぶんちゅうい》する。

PART 2

傾向《けいこう》と対策《たいさく》を徹底分析《てっていぶんせき》！

本試験《ほんしけん》そっくりの実力養成《じつりょくようせい》テスト

学科試験《がっかしけん》にかなりの高確率《こうかくりつ》で出題《しゅつだい》される問題《もんだい》を厳選《げんせん》！
本試験《ほんしけん》そっくりの実力養成《じつりょくようせい》テストを解《と》くことで
一発合格《いっぱつごうかく》に必要《ひつよう》な知識《ちしき》がどんどん身《み》についていきます。
暗記《あんき》シートを使《つか》えばさらに効果抜群《こうかばつぐん》!!

攻略《こうりゃく》メニュー

☑第《だい》1回《かい》～第《だい》9回《かい》：実力養成《じつりょくようせい》テスト
制限時間《せいげんじかん》／30分《ぷん》
合格《ごうかく》ライン／45点《てん》

第《だい》1回《かい》 実力養成《じつりょくようせい》テスト

■制限時間《せいげんじかん》／30分《ぶん》
■合格《ごうかく》ライン／45点《てん》
・問《とい》1～問《とい》46は、各《かく》1点《てん》
・問《とい》47～問《とい》48は、各《かく》2点《てん》

●次《つぎ》の問題《もんだい》で正《ただ》しいと思《おも》うものは「○」、誤《あやま》っていると思《おも》うものは「×」と答《こた》えなさい。

【問《とい》1】 横断歩道《おうだんほどう》を通過《つうか》するときは、歩行者《ほこうしゃ》がいないときでも一時停止《いちじていし》をしなければならない。

【問《とい》2】 飲酒運転《いんしゅうんてん》をするのが分《わ》かっている人《ひと》に原動機付自転車《げんどうきつきじてんしゃ》を貸《か》した場《ば》合《あい》には、貸《か》した人《ひと》にも罰則《ばっそく》が適用《てきよう》される。

【問《とい》3】 原動機付自転車《げんどうきつきじてんしゃ》で3車線以上《しゃせんいじょう》の車両通行帯《しゃりょうつうこうたい》のある道路《どうろ》を通行中《つうこうちゅう》、信号機《しんごうき》のある交差点《こうさてん》で二段階右折《にだんかいうせつ》をした。

【問《とい》4】 道路工事《どうろこうじ》の区域《くいき》の端《はし》から5メートル以内《いない》のところは駐車《ちゅうしゃ》も停車《ていしゃ》も禁止《きんし》されている。

【問《とい》5】 霧《きり》の中《なか》を走《はし》る場合《ばあい》は前照灯《ぜんしょうとう》をつけ、危険防止《きけんぼうし》のため必要《ひつよう》に応《おう》じて警音器《けいおんき》を鳴《な》らすとよい。

【問《とい》6】 ブレーキを強《つよ》くかけると、短《みじか》い距離《きょり》で止《と》まれる。

図《ず》1

【問《とい》7】 図《ず》1の標識《ひょうしき》のある場所《ばしょ》は路面《ろめん》にでこぼこがあるので、注意《ちゅうい》して運転《うんてん》しなければならない。

【問《とい》8】 原動機付自転車《げんどうきつきじてんしゃ》から離《はな》れるときは、盗難防止《とうなんぼうし》のためハンドルロックをして、エンジンキーを抜《ぬ》いておく。

【問《とい》9】 エンジンをかけた原動機付自転車《げんどうきつきじてんしゃ》を押《お》して歩《ある》く場合《ばあい》は、歩行者《ほこうしゃ》として扱《あつか》われる。

【問《とい》10】 交通事故《こうつうじこ》を起《お》こしたときは、負傷者《ふしょうしゃ》の救護《きゅうご》より先《さき》に警察《けいさつ》や会社《かいしゃ》などに電話《でんわ》で報告《ほうこく》しなければならない。

解答《かいとう》と解説《かいせつ》

自己採点《じこさいてん》	
1回目《かいめ》	2回目《かいめ》

問	正誤		解説
問《とい》1	×	頻出《ひんしゅつ》	横断《おうだん》している人《ひと》や横断《おったん》しようとする人《ひと》がいるときだけ横断歩道《おうだんほどう》の手前《てまえ》で一時停止《いちじていし》する。
問《とい》2	○		飲酒運転《いんしゅうんてん》をするのが分《わ》かっている人《ひと》に車両《しゃりょう》を提供《ていきょう》したり、酒類《さけるい》を提供《ていきょう》すれば罰則《ばっそく》が適用《てきよう》される。
問《とい》3	○	重要《じゅうよう》	二段階右折《にだんかいうせつ》の標識《ひょうしき》のある道路《どうろ》や、車両通行帯《しゃりょうつうこうたい》が３車線以上《しゃせんいじょう》ある道路《どうろ》の信号機《しんごうき》などがある交差点《こうさてん》では二段階右折《にだんかいうせつ》する。
問《とい》4	×	ひっかけ	道路工事《どうろこうじ》の区域《くいき》の端《はし》から５メートル以内《いない》の場所《ばしょ》では駐車《ちゅうしゃ》は禁止《きんし》されているが、停車《ていしゃ》は禁止《きんし》されていない。
問《とい》5	○	重要《じゅうよう》	霧《きり》の中《なか》を走行《そうこう》するときは前照灯《ぜんしょうとう》をつけ、危険《きけん》を防止《ぼうし》するため必要《ひつよう》に応《おう》じて警音器《けいおんき》を使用《しよう》する。
問《とい》6	×	ひっかけ	ブレーキを強《つよ》くかけると車輪《しゃりん》の回転《かいてん》が止《と》まり、スリップすることがあるので、停止距離《ていしきょり》が短《みじか》くなるとは限《かぎ》らない。
問《とい》7	○		問題《もんだい》の標識《ひょうしき》は「路面《ろめん》に凹凸《おうとつ》あり」を表示《ひょうじ》しているので、速度《そくど》を落《お》とし注意《ちゅうい》して運転《うんてん》する。
問《とい》8	○		原動機付自転車《げんどうきつきじてんしゃ》から離《はな》れるときは、盗難防止《とうなんぼうし》のためU字《じ》ロックやチェーンロックなどをかけるとよい。
問《とい》9	×		エンジンをかけたまま二輪車《にりんしゃ》を押《お》している場合《ばあい》は、歩行者《ほこうしゃ》として扱《あつか》われない。
問《とい》10	×	頻出《ひんしゅつ》	負傷者《ふしょうしゃ》の救護《きゅうご》などを行《おこな》ってから、事故《じこ》の発生場所《はっせいばしょ》、負傷者《ふしょうしゃ》の数《かず》や、負傷《ふしょう》の程度《ていど》などを警察《けいさつ》に届《とど》け出《で》なければならない。

頻出《ひんしゅつ》……試験《しけん》によく出《で》る問題《もんだい》　ひっかけ……ひっかけ問題《もんだい》　重要《じゅうよう》……理解《りかい》しておきたい問題《もんだい》

【問《とい》11】 道路《どうろ》を安全《あんぜん》に通行《つうこう》するためには、交通規則《こうつうきそく》を守《まも》っていれば十分《じゅうぶん》であり、互《たが》いに相手《あいて》のことを考《かんが》えると、円滑《えんかつ》な交通《こうつう》を阻害《そがい》することになるので、相手《あいて》の立場《たちば》を考《かんが》える必要《ひつよう》はない。

【問《とい》12】 安全《あんぜん》な速度《そくど》とは最高速度《さいこうそくど》の範囲内《はんいない》であれば交通《こうつう》の状況《じょうきょう》や天候《てんこう》などによって変《か》わるものではない。

【問《とい》13】 衝突《しょうとつ》の衝撃力《しょうげきりょく》は速度《そくど》には関係《かんけい》あるが、重量《じゅうりょう》には関係《かんけい》ない。

図《ず》2

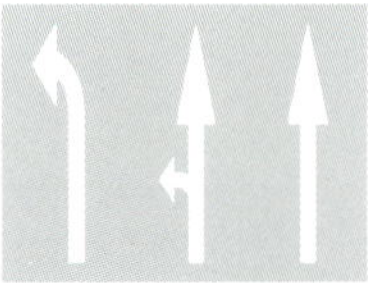

【問《とい》14】 図《ず》2の標示《ひょうじ》のある交差点《こうさてん》で直進《ちょくしん》する場合《ばあい》は、右側《みぎがわ》か真《ま》ん中《なか》の通行帯《つうこうたい》を通《つう》行《こう》する。

【問《とい》15】 原動機付自転車《げんどうきつきじてんしゃ》は、標識《ひょうしき》によって路線《ろせん》バスの専用通行帯《せんようつうこうたい》が指定《してい》されている道路《どうろ》を通行《つうこう》することができる。

【問《とい》16】 歩行者《ほこうしゃ》の通行《つうこう》やほかの車《くるま》などの正常《せいじょう》な通行《つうこう》を妨《さまた》げるおそれがあるときは、横断《おうだん》や転回《てんかい》が禁止《きんし》されていなくても横断《おうだん》や転回《てんかい》をしてはならない。

【問《とい》17】 交通整理《こうつうせいり》が行《おこな》われていない道幅《みちはば》が同《おな》じような交差点《こうさてん》（環状交差点《かんじょうこうさてん》を除《のぞ》く）に入《はい》ろうとしたとき、右方《うほう》から路面電車《ろめんでんしゃ》が接近《せっきん》してきたが、左方車優先《さほうしゃゆうせん》だからそのまま進行《しんこう》した。

【問《とい》18】 原動機付自転車《げんどうきつきじてんしゃ》を運転《うんてん》する場合《ばあい》は、乗車用《じょうしゃよう》ヘルメットをかぶらなければならない。

【問《とい》19】 原動機付自転車《げんどうきつきじてんしゃ》を運転《うんてん》するときは、肩《かた》の力《ちから》を抜《ぬ》き、ハンドルを軽《かる》く握《にぎ》るとともに、つま先《さき》はまっすぐ前方《ぜんぽう》に向《む》ける。

【問《とい》20】 原動機付自転車《げんどうきつきじてんしゃ》では、30キログラムまで積《つ》むことができる。

問《とい》11 × 頻出《ひんしゅつ》

安全《あんぜん》に通行《つうこう》するためには、交通規則《こうつうきそく》を守《まも》るだけでなく、周《まわ》りの人《ひと》の立場《たちば》も考《かんが》えて行動《こうどう》する。

問《とい》12 × 重要《じゅうよう》

規定《きてい》の速度《そくど》の範囲内《はんいない》であっても道路《どうろ》や交通《こうつう》の状況《じょうきょう》、天候《てんこう》などを考《かんが》えて安全《あんぜん》な速度《そくど》で走行《そうこう》する。

問《とい》13 ×

重量《じゅうりょう》が重《おも》くなれば衝撃力《しょうげきりょく》は大《おお》きくなる。

問《とい》14 ○ 頻出《ひんしゅつ》

問題《もんだい》の標示《ひょうじ》は「進行方向《しんこうほうこう》」を表示《ひょうじ》しているので、直進《ちょくしん》する場合《ばあい》には右側《みぎがわ》か真《ま》ん中《なか》の通行帯《つうこうたい》を通行《つうこう》する。

問《とい》15 ○ 頻出《ひんしゅつ》

原動機付自転車《げんどうきつきじてんしゃ》で路線《ろせん》バスの専用通行帯《せんようつうこうたい》を通行《つうこう》するときは専用通行帯《せんようつうこうたい》の左側《ひだりがわ》を通行《つうこう》する。

問《とい》16 ○ 重要《じゅうよう》

歩行者《ほこうしゃ》の通行《つうこう》やほかの車《くるま》などの正常《せいじょう》な通行《つうこう》を妨《さまた》げるおそれがあるときは横断《おうだん》や転回《てんかい》をしてはならない。

問《とい》17 × 頻出《ひんしゅつ》

交通整理《こうつうせいり》が行《おこな》われていない道幅《みちはば》が同《おな》じような交差点《こうさてん》（環状交差点《かんじょうこうさてん》を除《のぞ》く）では、右方《うほう》、左方《さほう》に関係《かんけい》なく路面電車《ろめんでんしゃ》に優先権《ゆうせんけん》がある。

問《とい》18 ○ ひっかけ

自動二輪車《じどうにりんしゃ》や原動機付自転車《げんどうきつきじてんしゃ》を運転《うんてん》する場合《ばあい》は、乗車用《じょうしゃよう》ヘルメットをかぶらなければならない。

問《とい》19 ○

二輪車《にりんしゃ》を運転《うんてん》するときはハンドルを前《まえ》に押《お》すような気持《きも》ちでグリップを軽《かる》く持《も》つ。

問《とい》20 ○ 頻出《ひんしゅつ》

原動機付自転車《げんどうきつきじてんしゃ》に積《つ》むことができる積載物《せきさいぶつ》の重量《じゅうりょう》は30キログラムまでである。

【問《とい》21】 図《ず》3の標識《ひょうしき》のある道路《どうろ》は自動車《じどうしゃ》は通行《つうこう》できないが、原動機付自転車《げんどうきつきじてんしゃ》は通行《つうこう》できる。

図《ず》3

【問《とい》22】 交通巡視員《こうつうじゅんしいん》が信号機《しんごうき》の信号《しんごう》と違《ちが》う手信号《てしんごう》をしていたが、交通巡視員《こうつうじゅんしいん》の手信号《てしんごう》に従《したが》わず、信号機《しんごうき》の信号《しんごう》に従《したが》って通行《つうこう》した。

【問《とい》23】 運転中《うんてんちゅう》に携帯電話《けいたいでんわ》を使用《しよう》すると危険《きけん》なので、運転《うんてん》する前《まえ》に電源《でんげん》を切《き》ったり、ドライブモードに設定《せってい》しておくようにする。

【問《とい》24】 右折《うせつ》や左折《させつ》の合図《あいず》をする時期《じき》は、右左折《うさせつ》しようとする地点《ちてん》の30メートル手前《てまえ》の地点《ちてん》に達《たっ》したときである（環状交差点《かんじょうこうさてん》を除《のぞ》く）。

【問《とい》25】 原動機付自転車《げんどうきつきじてんしゃ》ではカーブの手前《てまえ》の直線部分《ちょくせんぶぶん》であらかじめ速度《そくど》を落《お》とし、曲《ま》がるときには右側部分《みぎがわぶぶん》にはみ出《だ》さないように注意《ちゅうい》する。

【問《とい》26】 踏切《ふみきり》では一時停止《いちじていし》をし、自分《じぶん》の目《め》と耳《みみ》で左右《さゆう》の安全《あんぜん》を確《たし》かめなければならない。

【問《とい》27】 原動機付自転車《げんどうきつきじてんしゃ》を運転中《うんてんちゅう》に大地震《だいじしん》が発生《はっせい》したので、道路《どうろ》の左側《ひだりがわ》に停止《ていし》させ、様子《ようす》を見《み》た。

【問《とい》28】 図《ず》4の標識《ひょうしき》のある道路《どうろ》で原動機付自転車《げんどうきつきじてんしゃ》を右側部分《みぎがわぶぶん》にはみ出《だ》さずに追越《おいこ》しをした。

図《ず》4

【問《とい》29】 歩行者用道路《ほこうしゃようどうろ》では、沿道《えんどう》に車庫《しゃこ》をもつ車《くるま》など、特《とく》に通行《つうこう》を認《みと》められた車《くるま》が通行《つうこう》できる。

【問《とい》30】 上《のぼ》り坂《ざか》の頂上付近《ちょうじょうふきん》とこう配《ばい》の急《きゅう》な下《くだ》り坂《ざか》は、追越《おいこ》しが禁止《きんし》されている。

【問《とい》31】 信号《しんごう》が青色《あおいろ》でも、前方《ぜんぽう》の交通《こうつう》が混雑《こんざつ》しているため交差点《こうさてん》の中《なか》で動《うご》きがとれなくなりそうなときは、交差点《こうさてん》に入《はい》ってはならない。

問《とい》21 ×

問題《もんだい》の標識《ひょうしき》は「通行止《つうこうど》め」を表示《ひょうじ》しているので、この標識《ひょうしき》のある道路《どうろ》は歩行者《ほこうしゃ》も車《くるま》も通行《つうこう》することはできない。

問《とい》22 × 頻出《ひんしゅつ》

交通巡視員《こうつうじゅんしいん》の手信号《てしんごう》が信号機《しんごうき》の信号《しんごう》と違《ちが》っているときは、手信号《てしんごう》に従《したが》わなければならない。

問《とい》23 ○

携帯電話《けいたいでんわ》は運転《うんてん》する前《まえ》に電源《でんげん》を切《き》ったり、ドライブモードに設定《せってい》したりするなどして呼出音《よびだしおん》が鳴《な》らないようにする。

問《とい》24 ○ 頻出《ひんしゅつ》

右左折《うさせつ》および転回《てんかい》の合図《あいず》はそれらをしようとする地点《ちてん》の30メートル手前《てまえ》の地点《ちてん》に達《たっ》したときに行《おこな》う。

問《とい》25 ○ 重要《じゅうよう》

カーブに近《ちか》づくときには、カーブの手前《てまえ》の直線《ちょくせん》の部分《ぶぶん》で、あらかじめ十分速度《じゅうぶんそくど》を落《お》とす。

問《とい》26 ○ ひっかけ

踏切《ふみきり》ではその直前《ちょくぜん》で一時停止《いちじていし》をし、左右《さゆう》の安全《あんぜん》を確《たし》かめなければならない。

問《とい》27 ○

大地震《だいじしん》が発生《はっせい》したときは、できるだけ安全《あんぜん》な方法《ほうほう》により道路《どうろ》の左側《ひだりがわ》に停止《ていし》させる。

問《とい》28 ○ 頻出《ひんしゅつ》

問題《もんだい》の標識《ひょうしき》は「追越《おいこ》しのための右側部分《みぎがわぶぶん》はみ出《だ》し通行禁止《つうこうきんし》」を表示《ひょうじ》しているので、右側部分《みぎがわぶぶん》にはみ出《だ》さなければ追越《おいこ》しをすることができる。

問《とい》29 ○ 重要《じゅうよう》

歩行者用道路《ほこうしゃようどうろ》では、沿道《えんどう》に車庫《しゃこ》をもつ車《くるま》などで特《とく》に通行《つうこう》を認《みと》められた車《くるま》だけが通行《つうこう》できる。

問《とい》30 ○ ひっかけ

上《のぼ》り坂《ざか》の頂上付近《ちょうじょうふきん》とこう配《ばい》の急《きゅう》な下《くだ》り坂《ざか》は追越《おいこ》し禁止場所《きんしばしょ》であるが、こう配《ばい》の急《きゅう》な上《のぼ》り坂《ざか》は追越《おいこ》し禁止場所《きんしばしょ》ではない。

問《とい》31 ○

信号《しんごう》が青色《あおいろ》でも交差点内《こうさてんない》で止《と》まってしまうようなときは交差点《こうさてん》に入《はい》ってはならない。

【問《とい》32】 夜間《やかん》、繁華街《はんかがい》がネオンや街路灯《がいろとう》などで明《あか》るかったので、原動機付《げんどうきつき》自転車《じてんしゃ》の前照灯《ぜんしょうとう》をつけないで運転《うんてん》した。

【問《とい》33】 追越《おいこ》しをしようとするときは、その場所《ばしょ》が追越《おいこ》し禁止場所《きんしばしょ》でないかを確《たし》かめる。

【問《とい》34】 マフラーはエンジンの爆発後《ばくはつご》の排出《はいしゅつ》ガスを少《すく》なくするために取《と》り付《つ》けてある。

図《ず》5

【問《とい》35】 図《ず》5の標示《ひょうじ》のある道路《どうろ》では、30キロメートル毎時《まいじ》を超《こ》えて走行《そうこう》することはできない。

【問《とい》36】 昼間《ひるま》、トンネルの中《なか》などで50メートル先《さき》が見《み》えないときは、前照灯《ぜんしょうとう》をつけなければならない。

【問《とい》37】 原動機付自転車《げんどうきつきじてんしゃ》で乾燥《かんそう》した路面《ろめん》でブレーキをかけるときは、前輪《ぜんりん》ブレーキをやや強《つよ》くかける。

【問《とい》38】 盲導犬《もうどうけん》を連《つ》れた人《ひと》が歩《ある》いているときは、一時停止《いちじていし》か徐行《じょこう》をしてその人《ひと》が安全《あんぜん》に通《とお》れるようにしなければならない。

【問《とい》39】 徐行《じょこう》とは15〜20キロメートル毎時《まいじ》の速度《そくど》である。

【問《とい》40】 黄色《きいろ》の線《せん》の車両通行帯《しゃりょうつうこうたい》のある道路《どうろ》を通行《つうこう》しているとき、緊急自動車《きんきゅうじどうしゃ》が近《ちか》づいてきたときは、進路《しんろ》をゆずらなくてもよい。

【問《とい》41】 明《あか》るさが急《きゅう》に変《か》わると、視力《しりょく》は一時的《いちじてき》に急激《きゅうげき》に低下《ていか》するので、トンネルに入《はい》る場合《ばあい》は、その直前《ちょくぜん》に何回《なんかい》も目《め》を閉《と》じたり開《ひら》いたりしたほうがよい。

【問《とい》42】 図《ず》6の標識《ひょうしき》のある道路《どうろ》で交差点《こうさてん》を左折《させつ》する場合《ばあい》には左側《ひだりがわ》の通行帯《つうこうたい》を通行《つうこう》しなければならない。

図《ず》6

問《とい》32 × 頻《ひん》出《しゅつ》

夜間《やかん》、道路《どうろ》を通行《つうこう》するときは、街路灯《がいろとう》などで明《あか》るくても前照灯《ぜんしょうとう》などをつけなければならない。

問《とい》33 ○ 重《じゅう》要《よう》

追越《おいこ》しをするときには、その場所《ばしょ》が追越《おいこ》し禁止《きんし》でないことを確認《かくにん》して行《おこな》う。

問《とい》34 ×

マフラーはエンジンの排出《はいしゅつ》ガスを浄化《じょうか》するとともに爆発音《ばくはつおん》を小《ちい》さくするための装置《そうち》である。

問《とい》35 ○ 重《じゅう》要《よう》

問題《もんだい》の標示《ひょうじ》は「最高速度《さいこうそくど》」を表示《ひょうじ》しているので、30キロメートル毎《まい》時《じ》を超《こ》えて走行《そうこう》することはできない。

問《とい》36 ○ 頻《ひん》出《しゅつ》

トンネルや濃《こ》い霧《きり》などで50メートル先《さき》が見《み》えないときは、前照灯《ぜんしょうとう》をつけなければならない。

問《とい》37 ○ ひっかけ

乾燥《かんそう》した路面《ろめん》では前輪《ぜんりん》ブレーキをやや強《つよ》く、路面《ろめん》がすべりやすいときは後輪《こうりん》ブレーキをやや強《つよ》くかける。

問《とい》38 ○ 重《じゅう》要《よう》

身体《しんたい》の不自由《ふじゆう》な人《ひと》が歩《ある》いている場合《ばあい》には、一時停止《いちじていし》か徐行《じょこう》をしてその人《ひと》が安全《あんぜん》に通《とお》れるようにしなければならない。

問《とい》39 ×

車《くるま》がすぐに停止《ていし》できる速度《そくど》で進行《しんこう》することを「徐行《じょこう》」といい、おおむね10キロメートル毎時《まいじ》とされている。

問《とい》40 × 重《じゅう》要《よう》

進路変更《しんろへんこう》が禁止《きんし》されている場所《ばしょ》であっても緊急自動車《きんきゅうじどうしゃ》が接近《せっきん》してきたときは進路《しんろ》をゆずらなければならない。

問《とい》41 × 頻《ひん》出《しゅつ》

トンネルに入《はい》る前《まえ》やトンネルから出《で》るときには、速度《そくど》を落《お》とすようにする。

問《とい》42 ○

問題《もんだい》の標識《ひょうしき》は「進行方向別通行区分《しんこうほうこうべつつうこうくぶん》」を表示《ひょうじ》しているので、左折《させつ》する場合《ばあい》には左側《ひだりがわ》の通行帯《つうこうたい》を通行《つうこう》する。

【問《とい》43】 □□

道路《どうろ》に面《めん》したガソリンスタンドに出入《ではい》りするため、歩道《ほどう》や路側帯《ろそくたい》を横切《よこぎ》るときは歩行者《ほこうしゃ》の有無《うむ》に関係《かんけい》なく必《かなら》ず徐行《じょこう》しなければならない。

【問《とい》44】 □□

止《と》まっている車《くるま》のそばを通《とお》るときは、急《きゅう》にドアが開《ひら》いたり、歩行者《ほこうしゃ》が車《くるま》のかげから飛《と》び出《だ》してくることがあるので注意《ちゅうい》が必要《ひつよう》である。

【問《とい》45】 □□

横《よこ》の信号《しんごう》が赤色《あかいろ》になると同時《どうじ》に前方《ぜんぽう》の信号《しんごう》が青色《あおいろ》に変《か》わるので、前方《ぜんぽう》の信号《しんごう》よりむしろ横《よこ》の信号《しんごう》をよく見《み》てすみやかに発進《はっしん》しなければならない。

【問《とい》46】 □□

ひとり歩《ある》きしている子《こ》どものそばを通行《つうこう》するときに1メートルぐらい離《はな》れていたので、徐行《じょこう》しないで通行《つうこう》した。

問《とい》43 重要《じゅうよう》 ×

歩道《ほどう》や路側帯《ろそくたい》を横切《よこぎ》るときには徐行《じょこう》ではなく一時停止《いちじていし》して、歩行者《ほこうしゃ》の通行《つうこう》を妨《さまた》げてはならない。

問《とい》44 ○

止《と》まっている車《くるま》のそばを通《とお》るときは、急《きゅう》にドアが開《ひら》いたり、車《くるま》のかげから人《ひと》が飛《と》び出《だ》したりする場合《ばあい》があるので注意《ちゅうい》する。

問《とい》45 ひっかけ ×

交差点《こうさてん》には信号《しんごう》が一時的《いちじてき》に全部赤色《ぜんぶあかいろ》となるところもあるので、必《かなら》ず前方《ぜんぽう》の信号《しんごう》を見《み》るようにする。

問《とい》46 ×

子《こ》どもがひとりで歩《ある》いている場合《ばあい》は、一時停止《いちじていし》や徐行《じょこう》をして、安全《あんぜん》に通《とお》れるようにしなければならない。

第《だい》1回実力養成《かいじつりょくようせい》テスト 攻略《こうりゃく》ポイントはココ！

子《こ》どもがひとりで歩《ある》いているときは一時停止《いちじていし》や徐行《じょこう》をする

問《とい》1、29、38、43、46は、「歩行《ほこう》者《しゃ》の保護《ほご》」に関《かん》する問題《もんだい》。歩行者《ほこうしゃ》の保護《ほご》のルールは試験《しけん》に必《かなら》ず出題《しゅつだい》されるので、歩行者《ほこうしゃ》や自転車《じてんしゃ》のそばを通《とお》るときと身体《しんたい》の不自由《ふじゆう》な人《ひと》の保護《ほご》や子《こ》どもの保護《ほご》の違《ちが》いをしっかりと覚《おぼ》えておこう。安全《あんぜん》な間《かん》隔《かく》をあけたり、徐行《じょこう》をすればよい場合《ばあい》と、徐行《じょこう》や一時停止《いちじていし》をして安全《あんぜん》に通行《つうこう》する場《ば》合《あい》とを混同《こんどう》しがちなので要注意《ようちゅうい》！

交差点《こうさてん》を通行《つうこう》するときのルールを覚《おぼ》えよう

問《とい》17、31は、「交差点《こうさてん》の通行方法《つうこうほうほう》」に関《かん》する問題《もんだい》。交通整理《こうつうせいり》の行《おこな》われていない交差点《こうさてん》の通行方法《つうこうほうほう》、同《おな》じ程度《ていど》の道路幅《どうろはば》の交差点《こうさてん》の通行方法《つうこうほうほう》、右折車《うせつしゃ》の交差点《こうさてん》での通行方法《つうこうほうほう》についてしっかり覚《おぼ》えておこう。特《とく》に交通整理《こうつうせいり》が行《おこな》われていない道幅《みちはば》が同《おな》じ程度《ていど》の交差点《こうさてん》での通行方法《つうこうほうほう》がよく出題《しゅつだい》されている。優先順位《ゆうせんじゅんい》を整理《せいり》しておきたい。

【問《とい》47】 交差点《こうさてん》を左折《させつ》するために15km/hで進行《しんこう》しています。このとき、どのようなことに注意《ちゅうい》して運転《うんてん》しますか？

(1) □□
(2) □□
(3) □□

(1) 前《まえ》のトラックは横断歩道《おうだんほどう》の手前《てまえ》で止《と》まるかもしれないので、速度《そくど》を落《お》とし安全《あんぜん》な車間距離《しゃかんきょり》をとって、その動《うご》きをよく見《み》ながら進行《しんこう》する。

(2) 前方《ぜんぽう》のトラックは横断歩道《おうだんほどう》の手前《てまえ》で止《と》まると思《おも》われるので、トラックの左側《ひだりがわ》を通《とお》って横断歩道《おうだんほどう》の手前《てまえ》で停止《ていし》する。

(3) 後続《こうぞく》の四輪車《よんりんしゃ》が自分《じぶん》の車《くるま》の右側《みぎがわ》を進行《しんこう》してくると、巻《ま》き込《こ》まれるおそれがあるので、その動《うご》きにも十分注意《じゅうぶんちゅうい》して左折《させつ》する。

【問《とい》48】 道路《どうろ》の前方《ぜんぽう》に四輪車《よんりんしゃ》が止《と》まっています。その右側部分《みぎがわぶぶん》に出《で》て通過《つうか》しなければならないときは、どのようなことに注意《ちゅうい》して運転《うんてん》しますか？

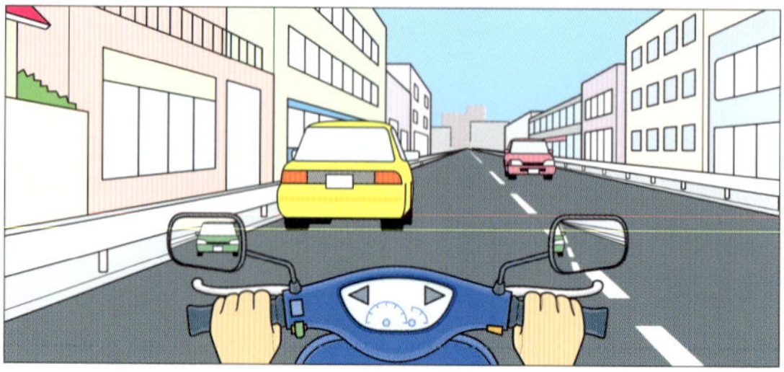

(1) □□
(2) □□
(3) □□

(1) 対向車《たいこうしゃ》が通過《つうか》する前《まえ》に加速《かそく》して通過《つうか》する。

(2) 通過《つうか》するとき停止《ていし》している車《くるま》との間《あいだ》に安全《あんぜん》な間隔《かんかく》をとると中央《ちゅうおう》線《せん》をはみ出《だ》すおそれがあるので、対向車《たいこうしゃ》が通過《つうか》するまで四輪車《よんりんしゃ》の後方《こうほう》で停止《ていし》して待《ま》つ。

(3) 停止《ていし》している車《くるま》のドアが開《ひら》くことが考《かんが》えられるので、四輪車《よんりんしゃ》の手前《てまえ》で大《おお》きく右側《みぎがわ》によけて通過《つうか》する。

問《とい》47

(1) ○

(2) ×

(3) ○

●前《まえ》の車《くるま》が横断歩道《おうだんほどう》の手前《てまえ》で止《と》まるだろうと考《かんが》えて、トラックの左側《ひだりがわ》を通《とお》るのはたいへん危険《きけん》だ。トラックが横断歩道《おうだんほどう》の手前《てまえ》で停止《ていし》せずに通過《つうか》し、トラックに巻《ま》き込《こ》まれる危険《きけん》がある。

●歩行者《ほこうしゃ》やトラックばかりに気《き》をとられすぎて、右後方《みぎこうほう》からの車《くるま》に巻《ま》き込《こ》まれないように十分注意《じゅうぶんちゅうい》する。

左折《させつ》するトラックと安全《あんぜん》な車間距離《しゃかんきょり》をとり、右後方《みぎこうほう》からの四輪車《よんりんしゃ》に巻《ま》き込《こ》まれないように注意《ちゅうい》して左折《させつ》する。

問《とい》48

(1) ×

(2) ○

(3) ×

●四輪車《よんりんしゃ》の横《よこ》で対向車《たいこうしゃ》と行《い》き違《ちが》うおそれがあるので、四輪車《よんりんしゃ》の後方《こうほう》で一時停止《いちじていし》して待《ま》つ。

●停止《ていし》している車《くるま》のドアが急《きゅう》に開《ひら》くことがあるので、そのまま通過《つうか》するときにはその手前《てまえ》からウインカーを出《だ》し、中央線《ちゅうおうせん》にはみ出《だ》さない範囲《はんい》で右側《みぎがわ》に寄《よ》るようにする。

停止《ていし》している車《くるま》の右側《みぎがわ》を安全《あんぜん》な間隔《かんかく》をとって通過《つうか》すると、中央線《ちゅうおうせん》をはみ出《だ》すおそれがあるので、停止《ていし》して対向車《たいこうしゃ》の通過《つうか》を待《ま》つ。

第《だい》2回《かい》 実力養成《じつりょくようせい》テスト

■制限時間《せいげんじかん》／30分《ぷん》
■合格《ごうかく》ライン／45点《てん》
・問《とい》1～問《とい》46は、各《かく》1点《てん》
・問《とい》47～問《とい》48は、各《かく》2点《てん》

●次《つぎ》の問題《もんだい》で正《ただ》しいと思《おも》うものは「○」、誤《あやま》っていると思《おも》うものは「×」と答《こた》えなさい。

【問《とい》1】 二輪車《にりんしゃ》で乾燥《かんそう》した路面《ろめん》でブレーキをかけるときは、前輪《ぜんりん》ブレーキをやや強《つよ》くかける。

【問《とい》2】 同一方向《どういつほうこう》に進行《しんこう》しながら進路《しんろ》を変更《へんこう》するときは、合図《あいず》と同時《どうじ》にすみやかに行《おこな》う。

【問《とい》3】 霧《きり》の中《なか》を通行《つうこう》する場合《ばあい》は、早《はや》めに前照灯《ぜんしょうとう》をつけ、危険防止《きけんぼうし》のため必要《ひつよう》に応《おう》じて警音器《けいおんき》を鳴《な》らすとよい。

【問《とい》4】 原動機付自転車《げんどうきつきじてんしゃ》に積載《せきさい》することのできる荷物《にもつ》の重量限度《じゅうりょうげんど》は、30キログラムである。

【問《とい》5】 歩行者用道路《ほこうしゃようどうろ》を通行《つうこう》する場合《ばあい》は、歩行者《ほこうしゃ》が通行《つうこう》しているときでも、特《とく》に徐行《じょこう》しなくてもよい。

【問《とい》6】 図《ず》1の標識《ひょうしき》は車両横断禁止《しゃりょうおうだんきんし》を表示《ひょうじ》しているので、道路外《どうろがい》の場所《ばしょ》に出入《ではい》りするための左折《させつ》をともなう横断《おうだん》も禁止《きんし》されている。

図《ず》1

【問《とい》7】 見通《みとお》しのきく踏切《ふみきり》では、安全《あんぜん》を確認《かくにん》すれば一時停止《いちじていし》する必要《ひつよう》はない。

【問《とい》8】 夜間《やかん》、交通整理《こうつうせいり》をしている警察官《けいさつかん》が頭上《ずじょう》に灯火《とうか》を上《あ》げているとき、身体《しんたい》の正面《しょうめん》に平行《へいこう》する交通《こうつう》は、青色《あおいろ》の信号《しんごう》と同《おな》じ意味《いみ》である。

【問《とい》9】 原動機付自転車《げんどうきつきじてんしゃ》は、交通《こうつう》が渋滞《じゅうたい》しているときでも、車《くるま》の間《あいだ》をぬって走《はし》ることができるので便利《べんり》である。

【問《とい》10】 片側《かたがわ》2車線《しゃせん》の道路《どうろ》の交差点《こうさてん》で原動機付自転車《げんどうきつきじてんしゃ》が右折《うせつ》するとき、標識《ひょうしき》で右折方法《うせつほうほう》の指定《してい》がなければ小回《こまわ》りの右折方法《うせつほうほう》をとる。

解答《かいとう》と解説《かいせつ》

自己採点《じこさいてん》	
1回目《かいめ》	2回目《かいめ》

問《とい》1 ○ ひっかけ
乾燥《かんそう》した路面《ろめん》でブレーキをかけるときは、前輪《ぜんりん》ブレーキをやや強《つよ》く、路面《ろめん》がすべりやすいときは、後輪《こうりん》ブレーキをやや強《つよ》くかける。

問《とい》2 ×
同一方向《どういつほうこう》に進行《しんこう》しながら進路《しんろ》を変更《へんこう》するときは、合図《あいず》をしてから約《やく》3秒後《びょうご》に行動《こうどう》する。

問《とい》3 ○ 頻出《ひんしゅつ》
霧《きり》のときは早《はや》めに前照灯《ぜんしょうとう》をつけ、中心線《ちゅうしんせん》やガードレール、前《まえ》の車《くるま》の尾《び》灯《とう》を目安《めやす》にし、速度《そくど》を落《お》として運転《うんてん》する。

問《とい》4 ○
原動機付自転車《げんどうきつきじてんしゃ》の積載物《せきさいぶつ》の重量限度《じゅうりょうげんど》は30キログラムである。

問《とい》5 × ひっかけ
特《とく》に通行《つうこう》を認《みと》められた車《くるま》が歩行者用道路《ほこうしゃようどうろ》を通行《つうこう》する場合《ばあい》は、歩行者《ほこうしゃ》に注意《ちゅうい》して徐行《じょこう》しなければならない。

問《とい》6 × 重要《じゅうよう》
問題《もんだい》の標識《ひょうしき》のある場所《ばしょ》であっても、道路外《どうろがい》の施設《しせつ》や場所《ばしょ》に出入《でい》りするための左折《させつ》をともなう横断《おうだん》は禁止《きんし》されていない。

問《とい》7 × 頻出《ひんしゅつ》
踏切《ふみきり》では、必《かなら》ず一時停止《いちじていし》をし、安全《あんぜん》を確認《かくにん》しなければならない。

問《とい》8 ×
灯火《とうか》を頭上《ずじょう》に上《あ》げているとき、身体《しんたい》の正面《しょうめん》と平行《へいこう》する交通《こうつう》は黄色《きいろ》の信号《しんごう》と同《おな》じ意味《いみ》である。

問《とい》9 ×
二輪車《にりんしゃ》を運転《うんてん》して、車《くるま》の間《あいだ》をぬって走《はし》ったり、ジグザグ運転《うんてん》をしてはならない。

問《とい》10 ○ ひっかけ
片側《かたがわ》3車線以上《しゃせんいじょう》の道路《どうろ》の交差点《こうさてん》や標識《ひょうしき》により二段階右折《にだんかいうせつ》の指定《してい》のある交差点以外《こうさてんいがい》では小回《こまわ》り右折《うせつ》を行《おこな》う。

頻出《ひんしゅつ》……試験《しけん》によく出《で》る問題《もんだい》　ひっかけ……ひっかけ問題《もんだい》　重要《じゅうよう》……理解《りかい》しておきたい問題《もんだい》

【問《とい》11】 □□
乗降《じょうこう》のため止《と》まっている通学通園《つうがくつうえん》バスのそばを通《とお》るときは、1.5メートル以上《いじょう》の間隔《かんかく》をあければ、徐行《じょこう》しないで通過《つうか》できる。

【問《とい》12】 □□
図《ず》2の標示《ひょうじ》のある道路《どうろ》では、前方《ぜんぽう》の道路《どうろ》が優先道路《ゆうせんどうろ》であることを予告《よこく》している。

図《ず》2

【問《とい》13】 □□
事故《じこ》を起《お》こしたが、相手《あいて》の傷《きず》が軽《かる》くその場《ば》で話《はな》し合《あ》いがついたので、警察官《けいさつかん》に届《とど》け出《で》なかった。

【問《とい》14】 □□
運転中《うんてんちゅう》は携帯電話《けいたいでんわ》の呼《よ》び出《だ》し音《おん》が鳴《な》ると注意力《ちゅういりょく》が携帯電話《けいたいでんわ》に向《む》き、危険《きけん》なので、電源《でんげん》を切《き》っておくか、ドライブモードに切《き》り替《か》えておくようにする。

【問《とい》15】 □□
交差点付近以外《こうさてんふきんいがい》を通行中《つうこうちゅう》、緊急自動車《きんきゅうじどうしゃ》が近《ちか》づいてきたので、道路《どうろ》の左側《ひだりがわ》に寄《よ》って進路《しんろ》をゆずった。

【問《とい》16】 □□
ブレーキは一度《いちど》に強《つよ》くかけるのではなく、数回《すうかい》に分《わ》けてかけるのがよい。

【問《とい》17】 □□
違法《いほう》に駐車《ちゅうしゃ》したため放置車両確認標章《ほうちしゃりょうかくにんひょうしょう》が取《と》り付《つ》けられた場合《ばあい》、運転者《うんてんしゃ》はこれを取《と》り除《のぞ》くことができる。

【問《とい》18】 □□
図《ず》3の標識《ひょうしき》のある道路《どうろ》では、横断歩道《おうだんほどう》の手《て》前《まえ》30メートル以内《いない》でも追越《おいこ》しができる。

図《ず》3

【問《とい》19】 □□
交通整理《こうつうせいり》が行《おこな》われていない交差点《こうさてん》で、交差《こうさ》する道路《どうろ》が優先道路《ゆうせんどうろ》であるときや、その道幅《みちはば》が明《あき》らかに広《ひろ》いときは、徐行《じょこう》して交差《こうさ》する道路《どうろ》の通行《つうこう》を妨《さまた》げないようにしなければならない（環状交差点《かんじょうこうさてん》を除《のぞ》く）。

【問《とい》20】 □□
原動機付自転車《げんどうきつきじてんしゃ》を運転《うんてん》するときは、できるだけ身体《しんたい》を露出《ろしゅつ》するような身軽《みがる》な服装《ふくそう》がよい。

問《とい》11 ×　頻《ひん》出《しゅつ》

乗《の》り降《お》りのため停止中《ていしちゅう》の通学通園《つうがくつうえん》バスのそばを通《とお》るときは徐行《じょこう》しなければならない。

問《とい》12 ○

問題《もんだい》の標示《ひょうじ》は「前方優先道路《ぜんぽうゆうせんどうろ》」を表示《ひょうじ》している。

問《とい》13 ×

事故《じこ》のときは事故《じこ》の発生場所《はっせいばしょ》、負傷《ふしょう》の程度《ていど》などを警察官《けいさつかん》に報告《ほうこく》しなければならない。

問《とい》14 ○　頻《ひん》出《しゅつ》

運転《うんてん》する前《まえ》に携帯電話《けいたいでんわ》の電源《でんげん》を切《き》ったり、ドライブモードに切《き》り替《か》えておくようにする。

問《とい》15 ○

交差点付近以外《こうさてんふきんいがい》のところでは、道路《どうろ》の左側《ひだりがわ》に寄《よ》って進路《しんろ》をゆずらなければならない。

問《とい》16 ○　重《じゅう》要《よう》

数回《すうかい》に分《わ》けて使《つか》えば、ブレーキ灯《とう》が点灯《てんとう》し、後続車《こうぞくしゃ》への合図《あいず》となって追突事故防止《ついとつじこぼうし》に役立《やくだ》つ。

問《とい》17 ○　ひっかけ

放置車両確認標章《ほうちしゃりょうかくにんひょうしょう》は、車《くるま》の使用者《しようしゃ》、運転者《うんてんしゃ》やその車《くるま》の管理《かんり》について責任《せきにん》がある者《もの》が、取《と》り除《のぞ》くことができる。

問《とい》18 ×

問題《もんだい》の標識《ひょうしき》は「優先道路《ゆうせんどうろ》」を表示《ひょうじ》しているが、横断歩道《おうだんほどう》の手前《てまえ》30メートル以内《いない》では追越《おいこ》しが禁止《きんし》されている。

問《とい》19 ○　重《じゅう》要《よう》

信号機《しんごうき》などによる交通整理《こうつうせいり》が行《おこな》われている場合《ばあい》や優先道路《ゆうせんどうろ》を通行《つうこう》しているとき、その道幅《みちはば》が明《あき》らかに広《ひろ》い道路《どうろ》を通行《つうこう》しているとき以外《いがい》は、徐行《じょこう》して交差道路《こうさどうろ》の通行《つうこう》を妨《さまた》げないようにしなければならない。

問《とい》20 ×

二輪車《にりんしゃ》に乗《の》るときには、身体《しんたい》の露出《ろしゅつ》が少《すく》なくなるようなものを着用《ちゃくよう》する。

【問《とい》21】 停止位置《ていしいち》に近《ちか》づいたときに、信号《しんごう》が青色《あおいろ》から黄色《きいろ》に変《か》わったが、後続車《こうぞくしゃ》があり急《きゅう》ブレーキをかけると追突《ついとつ》されるおそれがあるので、停止《ていし》せずに交差点《こうさてん》を通過《つうか》した。

【問《とい》22】 夜間《やかん》は、視界《しかい》が狭《せま》くなるので、視線《しせん》はできるだけ近《ちか》くのものを見《み》るようにする。

【問《とい》23】 進路《しんろ》を変更《へんこう》すると、後《うし》ろからくる車《くるま》が急《きゅう》ブレーキや急《きゅう》ハンドルで避《さ》けなければならないときには、進路《しんろ》を変《か》えてはならない。

【問《とい》24】 疲《つか》れ、心配《しんぱい》ごと、病気《びょうき》などのときは、注意力《ちゅういりょく》が散漫《さんまん》となり判断力《はんだんりょく》が衰《おとろ》えたりするため、運転《うんてん》を控《ひか》えるとよい。

【問《とい》25】 図《ず》4の標示《ひょうじ》のある路側帯《ろそくたい》は歩行者《ほこうしゃ》は通行《つうこう》できるが、自転車《じてんしゃ》は通行《つうこう》できない。

図《ず》4

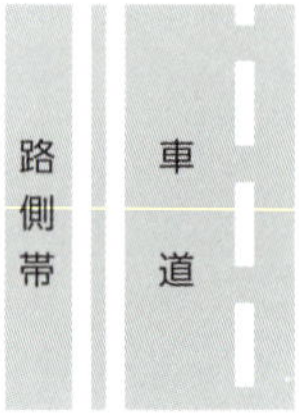

【問《とい》26】 エンジンを止《と》めた原動機付自転車《げんどうきつきじてんしゃ》を押《お》して歩《ある》く場合《ばあい》でも、歩行者用信号《ほこうしゃようしんごう》ではなく車両用《しゃりょうよう》の信号《しんごう》に従《したが》って通行《つうこう》する。

【問《とい》27】 歩行者《ほこうしゃ》のそばを通過《つうか》するときは、安全《あんぜん》な間隔《かんかく》をあけ、かつ徐行《じょこう》しなければならない。

【問《とい》28】 車《くるま》から離《はな》れるときでも、短時間《たんじかん》であればエンジンを止《と》めなくてもよい。

【問《とい》29】 交差点《こうさてん》で右折《うせつ》や左折《させつ》をするときは、必《かなら》ず徐行《じょこう》しなければならない。

【問《とい》30】 図《ず》5の標識《ひょうしき》のある道路《どうろ》は一方通行《いっぽうつうこう》であることを表《あらわ》している。

図《ず》5

【問《とい》31】 速度《そくど》は、決《き》められた範囲内《はんいない》で、道路《どうろ》や交通《こうつう》の状況《じょうきょう》、天候《てんこう》や視界《しかい》などに応《おう》じ安全《あんぜん》な速度《そくど》を選《えら》ぶべきである。

問《とい》21 ○ 重要《じゅうよう》

黄色《きいろ》の灯火《とうか》に変《か》わったときに停止位置《ていしいち》に近《ちか》づいていて、**安全《あんぜん》に停止《ていし》することができない場合《ばあい》**は、そのまま進《すす》むことができる。

問《とい》22 ✕ 頻出《ひんしゅつ》

夜間《やかん》は、視線《しせん》をできるだけ先《さき》のほうへ向《む》け、少《すこ》しでも早《はや》く**前方《ぜんぽう》の障害物《しょうがいぶつ》**を発見《はっけん》するようにする。

問《とい》23 ○

進路変更《しんろへんこう》をするときは、**バックミラー**や**目視《もくし》**で安全《あんぜん》を確認《かくにん》してから変《へん》更《こう》する。

問《とい》24 ○

疲《つか》れているとき、病気《びょうき》のとき、心配《しんぱい》ごとのあるときなどは、**運転《うんてん》を控《ひか》えるか、体《からだ》の調子《ちょうし》を整《ととの》えてから**運転《うんてん》する。

問《とい》25 ○

問題《もんだい》の標示《ひょうじ》は**「歩行者用路側帯《ほこうしゃようろそくたい》」**を表示《ひょうじ》しているので、**歩行者以外《ほこうしゃいがい》**は通行《つうこう》できない。

問《とい》26 ✕ 頻出《ひんしゅつ》

二輪車《にりんしゃ》の**エンジン**を切《き》り、押《お》している場合《ばあい》は**歩行者《ほこうしゃ》**として扱《あつか》われるので、歩行者用信号《ほこうしゃようしんごう》に従《したが》う。

問《とい》27 ✕

安全《あんぜん》な間隔《かんかく》がとれないときは**徐行《じょこう》**し、安全《あんぜん》な間隔《かんかく》がとれれば徐行《じょこう》の必《ひつ》要《よう》はない。

問《とい》28 ✕ ひっかけ

短時間《たんじかん》でも車《くるま》から離《はな》れるときは**エンジン**を止《と》めなければならない。

問《とい》29 ○

交差点《こうさてん》で右折《うせつ》や左折《させつ》をするときは、必《かなら》ず**徐行《じょこう》**しなければならない。

問《とい》30 ○

問題《もんだい》の標識《ひょうしき》は**「一方通行《いっぽうつうこう》」**を表示《ひょうじ》している。

問《とい》31 ○ 頻出《ひんしゅつ》

決《き》められた速度《そくど》の範囲内《はんいない》であっても、**道路《どうろ》や交通《こうつう》の状況《じょうきょう》、天候《てんこう》や視界《しかい》**などをよく考《かんが》えて、安全《あんぜん》な速度《そくど》で走行《そうこう》する。

【問《とい》32】 オートマチック二輪車《にりんしゃ》は、スロットルを急《きゅう》に回《まわ》すと急発進《きゅうはっしん》する危《き》険《けん》がある。

【問《とい》33】 徐行《じょこう》とは、20キロメートル毎時以下《まいじいか》の速度《そくど》で走《はし》ることである。

【問《とい》34】 マフラーを改造《かいぞう》していない原動機付自転車《げんどうきつきじてんしゃ》なら、著《いちじる》しく他人《たにん》の迷《めい》惑《わく》になるような空《から》ぶかしは禁止《きんし》されていない。

図《ず》6

【問《とい》35】 図《ず》6の標識《ひょうしき》のある道路《どうろ》は車《くるま》は通行《つうこう》できないが歩行者《ほこうしゃ》は通行《つうこう》することができる。

【問《とい》36】 原動機付自転車《げんどうきつきじてんしゃ》であっても、ＰＳ（ｃ）マークやＪＩＳマークの付《つ》いたヘルメットをかぶれば高速道路《こうそくどうろ》を通行《つうこう》することができる。

【問《とい》37】 警察官《けいさつかん》や交通巡視員《こうつうじゅんしいん》が信号機《しんごうき》の信号《しんごう》と違《ちが》う手信号《てしんごう》をしている場合《ばあい》は、警察官《けいさつかん》や交通巡視員《こうつうじゅんしいん》の手信号《てしんごう》に従《したが》わなければならない。

【問《とい》38】 道路《どうろ》に面《めん》した場所《ばしょ》に出入《ではい》りするために歩道《ほどう》や路側帯《ろそくたい》を横切《よこぎ》る場合《ばあい》、歩行者《ほこうしゃ》が通行《つうこう》していないときは一時停止《いちじていし》をする必要《ひつよう》はなく、徐行《じょこう》すればよい。

【問《とい》39】 車《くるま》が停止《ていし》するまでには、空走距離《くうそうきょり》と制動距離《せいどうきょり》とを合《あ》わせた距離《きょり》が必要《ひつよう》となる。

【問《とい》40】 横断歩道《おうだんほどう》に近《ちか》づいたとき、歩行者《ほこうしゃ》が横断《おうだん》しているときは、その手《て》前《まえ》で停止《ていし》して歩行者《ほこうしゃ》に道《みち》をゆずらなければならないが、歩行者《ほこうしゃ》が横断《おうだん》を始《はじ》めていなければ、道《みち》をゆずる必要《ひつよう》はない。

【問《とい》41】 原動機付自転車《げんどうきつきじてんしゃ》は、標識《ひょうしき》などによって路線《ろせん》バスの専用通行帯《せんようつうこうたい》が指《し》定《てい》されている道路《どうろ》を通行《つうこう》することができる。

図《ず》7

【問《とい》42】 図《ず》7の標識《ひょうしき》のある道路《どうろ》では徐行《じょこう》しなければならない。

問《とい》32 ○ ひっかけ

オートマチック二輪車《にりんしゃ》は、クラッチ操作《そうさ》がいらない分《ぶん》、スロットルを急《きゅう》に回転《かいてん》させると急発進《きゅうはっしん》する危険《きけん》がある。

問《とい》33 × 頻《ひん》出《しゅつ》

徐行《じょこう》とは、車《くるま》がすぐに停止《ていし》できるような速度《そくど》で進《すす》むことをいい、おおむね10キロメートル毎時《まいじ》とされている。

問《とい》34 ×

マフラーの改造《かいぞう》の有無《うむ》にかかわらず、著《いちじる》しく他人《たにん》の迷惑《めいわく》になる騒音《そうおん》を出《だ》してはならない。

問《とい》35 ○

問題《もんだい》の標識《ひょうしき》は「車両通行止《しゃりょうつうこうど》め」を表示《ひょうじ》しているので、この標識《ひょうしき》のある道路《どうろ》は歩行者《ほこうしゃ》は通行《つうこう》できるが、車《くるま》は通行《つうこう》することができない。

問《とい》36 ×

原動機付自転車《げんどうきつきじてんしゃ》は高速道路《こうそくどうろ》を通行《つうこう》することはできない。

問《とい》37 ○ 頻《ひん》出《しゅつ》

警察官《けいさつかん》などの手信号《てしんごう》などと信号機《しんごうき》の信号《しんごう》が異《こと》なるときは、警察官《けいさつかん》などの手信号《てしんごう》などに従《したが》う。

問《とい》38 × 重《じゅう》要《よう》

歩道《ほどう》や路側帯《ろそくたい》を横切《よこぎ》る場合《ばあい》には、その直前《ちょくぜん》で一時停止《いちじていし》しなければならない。

問《とい》39 ○

停止距離《ていしきょり》は空走距離《くうそうきょり》と制動距離《せいどうきょり》とを合《あ》わせた距離《きょり》である。

問《とい》40 × 頻《ひん》出《しゅつ》

歩行者《ほこうしゃ》が横断《おうだん》しているときや横断《おうだん》しようとしているときは、横断歩道《おうだんほどう》の手前《てまえ》で一時停止《いちじていし》をして歩行者《ほこうしゃ》に道《みち》をゆずらなければならない。

問《とい》41 ○ 重《じゅう》要《よう》

路線《ろせん》バスの専用通行帯《せんようつうこうたい》は小型特殊自動車《こがたとくしゅじどうしゃ》、原動機付自転車《げんどうきつきじてんしゃ》、軽車両《けいしゃりょう》も通行《つうこう》できる。

問《とい》42 ○

問題《もんだい》の標識《ひょうしき》は「下《くだ》り急《きゅう》こう配《ばい》あり」を表示《ひょうじ》しているので、徐行《じょこう》しなければならない。

【問《とい》43】 自動車専用《じどうしゃせんよう》の車庫《しゃこ》の出入口《でいりぐち》はもちろん、出入口《でいりぐち》から3メートル以《い》内《ない》の場所《ばしょ》も駐車禁止《ちゅうしゃきんし》である。

□□

【問《とい》44】 追越《おいこ》しをしようとするときは、前方《ぜんぽう》の安全《あんぜん》を確《たし》かめればよく、後《こう》方《ほう》の安全《あんぜん》を確《たし》かめる必要《ひつよう》はない。

□□

【問《とい》45】 トンネルの中《なか》で50メートル先《さき》がよく見《み》えない場合《ばあい》は、昼間《ひるま》であっても前照灯《ぜんしょうとう》を点灯《てんとう》する。

□□

【問《とい》46】 大地震《だいじしん》が起《お》き、車《くるま》を置《お》いて避難《ひなん》するときは、エンジンを止《と》め、エンジンキーを確実《かくじつ》に抜《ぬ》いておく。

□□

問《とい》43 ○	駐車場《ちゅうしゃじょう》、車庫《しゃこ》などの自動車専用《じどうしゃせんよう》の出入口《でいりぐち》から3メートル以内《いない》の場所《ばしょ》は駐車禁止《ちゅうしゃきんし》である。
問《とい》44 × 頻出《ひんしゅつ》	追越《おいこ》しをするときは前方《ぜんぽう》の安全《あんぜん》を確《たし》かめるとともに、バックミラーなどで右側《みぎがわ》や右斜《みぎなな》め後方《こうほう》の安全《あんぜん》を確認《かくにん》しなければならない。
問《とい》45 ○ 重要《じゅうよう》	トンネルの中《なか》や霧《きり》の中《なか》などで50メートル先《さき》が見《み》えないような場所《ばしょ》を通行《つうこう》するときは前照灯《ぜんしょうとう》などをつける。
問《とい》46 × ひっかけ	大地震《だいじしん》で避難《ひなん》するときは、車《くるま》のキーをつけたままにして、だれでも移動《いどう》できるようにする。

第《だい》2回実力養成《かいじつりょくようせい》テスト 攻略《こうりゃく》ポイントはココ！

進路変更《しんろへんこう》は安全《あんぜん》を確認《かくにん》してから合図《あいず》をする

問《とい》2、23は、「進路変更《しんろへんこう》」に関《かん》する問題《もんだい》。進路変更《しんろへんこう》の方法《ほうほう》、進路変更《しんろへんこう》のタイミングについてはしっかり覚《おぼ》えておこう。特《とく》に進路変更《しんろへんこう》すると後続車《こうぞくしゃ》に迷惑《めいわく》を及《およ》ぼすような場合《ばあい》は進路変更《しんろへんこう》できない。車両《しゃりょう》通行帯《つうこうたい》が白《しろ》と黄色《きいろ》の線《せん》で区分《くわ》けされているときの進路変更《しんろへんこう》が禁止《きんし》されている場合《ばあい》と禁止《きんし》されていない場合《ばあい》の基本《きほん》を整理《せいり》しておきたい。

徐行《じょこう》の定義《ていぎ》と徐行《じょこう》すべき場所《ばしょ》を覚《おぼ》えておこう

問《とい》29、33は、「徐行《じょこう》」に関《かん》する問題《もんだい》。徐行《じょこう》とは、ブレーキを踏《ふ》んでから停止《ていし》するまでの距離《きょり》が1メートル以内《いない》の速度《そくど》(おおむね10キロメートル毎時以下《まいじいか》の速度《そくど》)。徐行《じょこう》という言葉《ことば》は、「歩行者《ほこうしゃ》の保護《ほご》」や「交差点《こうさてん》での通行《つうこう》」などの問題《もんだい》で、必《かなら》ず出《で》てくるキーワードなので、その意味《いみ》と徐行《じょこう》しなければならない場所《ばしょ》についてはしっかり理解《りかい》しておこう。

【問《とい》47】 夜間《やかん》、20km/hで進行《しんこう》しています。黄色《きいろ》の信号《しんごう》が点滅《てんめつ》している交差《こうさ》点《てん》を直進《ちょくしん》するときはどのようなことに注意《ちゅうい》して運転《うんてん》しますか？

(1) 右折《うせつ》しようとしている前《まえ》のトラックのかげから、右折《うせつ》してくる対向車《たいこうしゃ》があるかもしれないので、トラックの左側《ひだりがわ》を素早《すばや》く直進《ちょくしん》する。

(2) 対向車《たいこうしゃ》ばかりか、左右《さゆう》の道路《どうろ》からも交差点《こうさてん》に入《はい》ってくる車《くるま》があるかもしれないので、左右《さゆう》や前方《ぜんぽう》の安全《あんぜん》を確認《かくにん》してから進行《しんこう》する。

(3) 左側《ひだりがわ》の道路《どうろ》から交差点《こうさてん》に入《はい》ってくる車《くるま》は赤《あか》の点滅信号《てんめつしんごう》に従《したが》えば、一時停止《いちじていし》するはずなので、そのまま速度《そくど》を落《お》とさずに進行《しんこう》する。

（1）□□
（2）□□
（3）□□

【問《とい》48】 25km/hで進行《しんこう》しています。前方《ぜんぽう》の安全地帯《あんぜんちたい》のない停留所《ていりゅうじょ》に路面電車《ろめんでんしゃ》が止《と》まっているときは、どのようなことに注意《ちゅうい》して運転《うんてん》しますか？

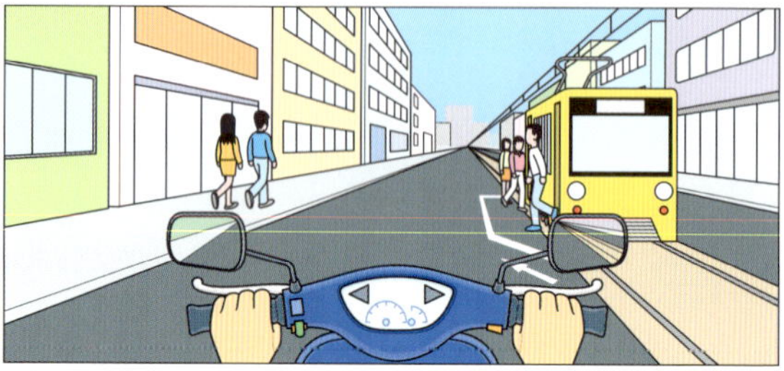

(1) 路面電車《ろめんでんしゃ》から降《お》りる人《ひと》が道路《どうろ》を渡《わた》り切《き》るときに、路面電車《ろめんでんしゃ》の横《よこ》をすばやく通過《つうか》できるように、速度《そくど》を少《すこ》し落《お》として進行《しんこう》する。

(2) 路面電車《ろめんでんしゃ》から乗《の》り降《お》りする人《ひと》がいなくなるまで、路面電車《ろめんでんしゃ》の後《こう》方《ほう》で停止《ていし》して待《ま》つ。

(3) 路面電車《ろめんでんしゃ》から乗《の》り降《お》りする人《ひと》が見《み》えるが、降《お》りる人《ひと》はすぐには横断《おうだん》しそうもないので、徐行《じょこう》しながら道路《どうろ》の左寄《ひだりよ》りを進行《しんこう》する。

（1）□□
（2）□□
（3）□□

問《とい》47

(1) ×

(2) ○

(3) ×

●黄色《きいろ》の点滅信号《てんめつしんごう》の交差点《こうさてん》では、左右《さゆう》の道路《どうろ》から車《くるま》が交差点《こうさてん》に入《はい》ってくるばかりか、右折《うせつ》するトラックのかげから対向車《たいこうしゃ》が右折《うせつ》してくることもあるので、速度《そくど》を落《お》とし、左右《さゆう》や前方《ぜんぽう》の安全《あんぜん》を確《たし》かめる。

●赤《あか》の点滅信号《てんめつしんごう》を無視《むし》して左右《さゆう》の道路《どうろ》から交差点《こうさてん》に入《はい》ってくる車《くるま》があるかもしれないので、左右《さゆう》の安全《あんぜん》には十分注意《じゅうぶんちゅうい》する。

対向車《たいこうしゃ》や左右《さゆう》の道路《どうろ》からも交差点《こうさてん》に入《はい》ってくる車《くるま》があるかもしれないので、前方《ぜんぽう》と左右《さゆう》の安全《あんぜん》を確認《かくにん》してから進行《しんこう》する。

問《とい》48

(1) ×

(2) ○

(3) ×

●安全地帯《あんぜんちたい》のない路面電車《ろめんでんしゃ》の停留所《ていりゅうじょ》で乗《の》り降《お》りする人《ひと》がいる場合《ばあい》には、乗降客《じょうこうきゃく》や道路《どうろ》を横断《おうだん》する人《ひと》がいなくなるまで路面電車《ろめんでんしゃ》の後方《こうほう》で停止《ていし》して待《ま》たなければならない。また、乗《の》り降《お》りする人《ひと》がいなくなり、路面電車《ろめんでんしゃ》との間《あいだ》に1.5m以上《いじょう》の間隔《かんかく》がとれても徐行《じょこう》して通行《つうこう》する。

●乗降客《じょうこうきゃく》の中《なか》には急《いそ》いで道路《どうろ》を横断《おうだん》する人《ひと》や高齢者《こうれいしゃ》などのようにゆっくり横断《おうだん》する人《ひと》などいろいろいるので、十分注意《じゅうぶんちゅうい》してそれらの人《ひと》がいなくなるまで待《ま》つようにする。

安全地帯《あんぜんちたい》のない停留所《ていりゅうじょ》では路面電車《ろめんでんしゃ》から乗《の》り降《お》りする人《ひと》がいなくなるまで後方《こうほう》で停止《ていし》して待《ま》つ。

第《だい》3回《かい》 実力養成《じつりょくようせい》テスト

■制限時間《せいげんじかん》／30分《ぷん》
■合格《ごうかく》ライン／45点《てん》
・問《とい》1〜問《とい》46は、各《かく》1点《てん》
・問《とい》47〜問《とい》48は、各《かく》2点《てん》

●次《つぎ》の問題《もんだい》で正《ただ》しいと思《おも》うものは「○」、誤《あやま》っていると思《おも》うものは「×」と答《こた》えなさい。

【問《とい》1】 道路《どうろ》は、公共《こうきょう》の場所《ばしょ》だから、交通《こうつう》の少《すく》ない広《ひろ》い道路《どうろ》ならば車庫代《しゃこが》わりに使用《しよう》してもよい。

【問《とい》2】 左側部分《ひだりがわぶぶん》の道幅《みちはば》が6メートル未満《みまん》の道路《どうろ》で、中央《ちゅうおう》に黄色《きいろ》の線《せん》が引《ひ》かれているところでも、右側部分《みぎがわぶぶん》にはみ出《だ》さなければ追越《おいこ》しをしてもよい。

【問《とい》3】 横断歩道《おうだんほどう》と自転車横断帯《じてんしゃおうだんたい》は、横断《おうだん》するのが歩行者《ほこうしゃ》と自転車《じてんしゃ》の違《ちが》いだけで、原動機付自転車《げんどうきつきじてんしゃ》が通行《つうこう》する方法《ほうほう》は変《か》わらない。

【問《とい》4】 ぬかるみのある場所《ばしょ》では、低速《ていそく》ギアなどを使《つか》い速度《そくど》を落《お》として通行《つうこう》する。

【問《とい》5】 車《くるま》を発進《はっしん》させるときは、バックミラーだけで後方《こうほう》を確認《かくにん》し、急発進《きゅうはっしん》させて車《くるま》の流《なが》れの中《なか》に入《はい》ったほうがよい。

【問《とい》6】 図《ず》1の標識《ひょうしき》のある通行帯《つうこうたい》は自動二輪車《じどうにりんしゃ》は通行《つうこう》できるが、原動機付自転車《げんどうきつきじてんしゃ》は通行《つうこう》できない。

図《ず》1

【問《とい》7】 チェーンの中央部分《ちゅうおうぶぶん》を指《ゆび》で押《お》したところ、20ミリメートルぐらいのゆるみがあったので適当《てきとう》と判断《はんだん》し、そのまま運転《うんてん》した。

【問《とい》8】 原動機付自転車《げんどうきつきじてんしゃ》は、同乗者用《どうじょうしゃよう》の座席《ざせき》が備《そな》えられている場合《ばあい》でも2人乗《ふたりの》りはできない。

【問《とい》9】 原動機付自転車《げんどうきつきじてんしゃ》のマフラーの破損《はそん》は、運転《うんてん》に直接影響《ちょくせつえいきょう》はないので、そのままにしておいてもよい。

【問《とい》10】 環状交差点《かんじょうこうさてん》に進入《しんにゅう》するときは、必《かなら》ず左折《させつ》の合図《あいず》を行《おこな》わなければならない。

解答《かいとう》と解説《かいせつ》

自己採点《じこさいてん》	
1回目《かいめ》	2回目《かいめ》

問《とい》1 × 頻出《ひんしゅつ》

車《くるま》の所有者《しょゆうしゃ》は車《くるま》を保管《ほかん》しておく場所《ばしょ》として、道路《どうろ》でない場所《ばしょ》に車庫《しゃこ》や駐車場《ちゅうしゃじょう》などを用意《ようい》しておかなければならない。

問《とい》2 ○ 重要《じゅうよう》

追越《おいこ》しのための右側部分《みぎがわぶぶん》はみ出《だ》し通行禁止《つうこうきんし》の標示《ひょうじ》があるところでは、右側部分《みぎがわぶぶん》にはみ出《だ》さなければ追越《おいこ》しをすることができる。

問《とい》3 ○

横断歩道《おうだんほどう》は歩行者《ほこうしゃ》が、自転車横断帯《じてんしゃおうだんたい》は自転車《じてんしゃ》が横断《おうだん》する場所《ばしょ》で、原動機付自転車《げんどうきつきじてんしゃ》や自動車《じどうしゃ》の通行方法《つうこうほうほう》は同《おな》じである。

問《とい》4 ○

ぬかるみのある場所《ばしょ》では、低速《ていそく》ギアなどを使《つか》って速度《そくど》を落《お》とし、スロットルで速度《そくど》を一定《いってい》に保《たも》ち、バランスをとりながら走行《そうこう》する。

問《とい》5 × 頻出《ひんしゅつ》

バックミラーのほかに直接目視《ちょくせつもくし》をして、安全《あんぜん》を確認《かくにん》したうえで、ゆるやかに交通《こうつう》の流《なが》れの中《なか》に進入《しんにゅう》する。

問《とい》6 ×

問題《もんだい》の標識《ひょうしき》は「車両通行区分《しゃりょうつうこうくぶん》」を表示《ひょうじ》しているので、この通行帯《つうこうたい》は自動二輪車《じどうにりんしゃ》や原動機付自転車《げんどうきつきじてんしゃ》、自転車《じてんしゃ》などの軽車両《けいしゃりょう》が通行《つうこう》できる。

問《とい》7 ○ ひっかけ

二輪車《にりんしゃ》の点検《てんけん》では、ブレーキレバー、ブレーキペダル、チェーンの遊《あそ》びは約《やく》20～30ミリメートルが適当《てきとう》である。

問《とい》8 ○

原動機付自転車《げんどうきつきじてんしゃ》の乗車定員《じょうしゃていいん》は1人《ひとり》なので、運転者用以外《うんてんしゃよういがい》の座席《ざせき》のあるものであっても人《ひと》を乗《の》せることはできない。

問《とい》9 × 重要《じゅうよう》

マフラーの破損《はそん》は、大《おお》きな排気音《はいきおん》を出《だ》して騒音公害《そうおんこうがい》の原因《げんいん》になるから、修理《しゅうり》した後《あと》でなければ運転《うんてん》してはいけない。

問《とい》10 ×

環状交差点《かんじょうこうさてん》に入《はい》るときには合図《あいず》の必要《ひつよう》はない。

頻出《ひんしゅつ》……試験《しけん》によく出《で》る問題《もんだい》　ひっかけ……ひっかけ問題《もんだい》　重要《じゅうよう》……理解《りかい》しておきたい問題《もんだい》

【問《とい》11】 車両通行帯《しゃりょうつうこうたい》が黄色《きいろ》の線《せん》で区分《くわ》けされているときは、その黄色《きいろ》の線《せん》を越《こ》えて、進路《しんろ》を変更《へんこう》してはならない。

【問《とい》12】 図《ず》2の標識《ひょうしき》のある場所《ばしょ》ではハンドルをしっかりと握《にぎ》り注意《ちゅうい》して運転《うんてん》する。

図《ず》2

【問《とい》13】 酒《さけ》を飲《の》んでいるのを知《し》っていて運転《うんてん》を依頼《いらい》したときには、依頼《いらい》した者《もの》も罪《つみ》に問《と》われる。

【問《とい》14】 二輪車《にりんしゃ》でブレーキをかけるときは、ハンドルを切《き》らないで車体《しゃたい》が傾《かたむ》いていないときに、前後輪《ぜんこうりん》ブレーキを同時《どうじ》にかけるのがよい。

【問《とい》15】 こう配《ばい》の急《きゅう》な上《のぼ》り坂《ざか》であっても、5分以内《ふんいない》の荷物《にもつ》の積《つ》み下《お》ろしならば、停車《ていしゃ》することができる。

【問《とい》16】 原動機付自転車《げんどうきつきじてんしゃ》が、リヤカーをけん引《いん》するときの法定最高速度《ほうていさいこうそくど》は、20キロメートル毎時《まいじ》である。

【問《とい》17】 左右《さゆう》の見通《みとお》しのきかない交通整理《こうつうせいり》の行《おこな》われていない交差点《こうさてん》を通過《つうか》するときは徐行《じょこう》しなければならない（優《ゆう》先道路通行中《せんどうろつうこうちゅう》を除《のぞ》く）。

図《ず》3

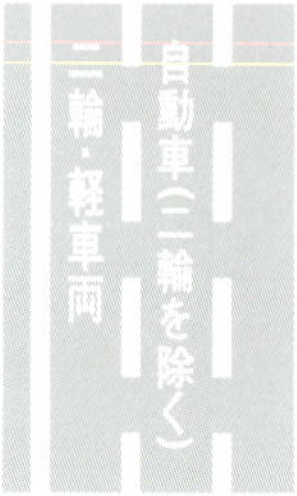

【問《とい》18】 図《ず》3の標示《ひょうじ》のある道路《どうろ》では、原動機付自転車《げんどうきつきじてんしゃ》は左側《ひだりがわ》の通行帯《つうこうたい》を通行《つうこう》する。

【問《とい》19】 マフラー（消音器《しょうおんき》）が完全《かんぜん》に取《と》り付《つ》けられていない場合《ばあい》や破損《はそん》している場合《ばあい》は運転《うんてん》することができない。

【問《とい》20】 原動機付自転車《げんどうきつきじてんしゃ》が、前方《ぜんぽう》の自動車《じどうしゃ》を追《お》い越《こ》そうとするときは、その自動車《じどうしゃ》の左側《ひだりがわ》を通行《つうこう》しなければならない。

問《とい》11 ○ 重要《じゅうよう》
車両通行帯《しゃりょうつうこうたい》が黄色《きいろ》の線《せん》で区分《くわ》けされている場合《ばあい》は、この黄色《きいろ》の線《せん》を越《こ》えて進路《しんろ》を変更《へんこう》してはならない。

問《とい》12 ○
問題《もんだい》の標識《ひょうしき》は「横風注意《よこかぜちゅうい》」を表示《ひょうじ》しているので、速度《そくど》を落《お》とすなど注意《ちゅうい》して運転《うんてん》しなければならない。

問《とい》13 ○ 頻出《ひんしゅつ》
飲酒運転《いんしゅうんてん》となることを知《し》っていて運転《うんてん》させた場合《ばあい》には、依頼《いらい》した者《もの》も罪《つみ》に問《と》われる。

問《とい》14 ○ 重要《じゅうよう》
ブレーキをかけるときは、車体《しゃたい》を垂直《すいちょく》に保《たも》ち、ハンドルを切《き》らない状態《じょうたい》で、エンジンブレーキをきかせながら前後輪《ぜんこうりん》のブレーキを同時《どうじ》にかけるようにする。

問《とい》15 ×
こう配《ばい》の急《きゅう》な坂《さか》は、駐停車禁止《ちゅうていしゃきんし》の場所《ばしょ》なので、荷物《にもつ》の積《つ》み下《お》ろしのための停車《ていしゃ》をすることはできない。

問《とい》16 ×
原動機付自転車《げんどうきつきじてんしゃ》がリヤカーをけん引《いん》するときの法定最高速度《ほうていさいこうそくど》は、25キロメートル毎時《まいじ》である（リヤカーのけん引《いん》は都道府県条例《とどうふけんじょうれい》により規制《きせい》を受《う》ける地域《ちいき》もある）。

問《とい》17 ○ 重要《じゅうよう》
徐行《じょこう》しなければいけない場所《ばしょ》のひとつに、左右《さゆう》の見通《みとお》しのきかない交差点《こうさてん》（信号機《しんごうき》などによる交通整理《こうつうせいり》の行《おこな》われている場合《ばあい》や優先道路《ゆうせんどうろ》を通行《つうこう》している場合《ばあい》を除《のぞ》く）がある。

問《とい》18 ○
問題《もんだい》の標示《ひょうじ》は「車両通行区分《しゃりょうつうこうくぶん》」を表示《ひょうじ》しているので、原動機付自転車《げんどうきつきじてんしゃ》は左側《ひだりがわ》の通行帯《つうこうたい》を通行《つうこう》する。

問《とい》19 ○
マフラーは完全《かんぜん》に取《と》り付《つ》けられ、破損《はそん》していないものでなければ、道路《どうろ》を走行《そうこう》することはできない。

問《とい》20 × ひっかけ
前車《ぜんしゃ》が右折《うせつ》するため道路《どうろ》の中央《ちゅうおう》や一方通行路《いっぽうつうこうろ》の右端《みぎはし》に寄《よ》って通行《つうこう》しているときを除《のぞ》き、右側《みぎがわ》を通行《つうこう》しなければいけない。

【問《とい》21】 □□

雨《あめ》の日《ひ》は、工事現場《こうじげんば》の鉄板《てっぱん》や路面電車《ろめんでんしゃ》のレールの上《うえ》などはすべりやすくなるので、特《とく》に注意《ちゅうい》して運転《うんてん》する。

【問《とい》22】 □□

交差点《こうさてん》の中《なか》まで車両通行帯《しゃりょうつうこうたい》の線《せん》が引《ひ》かれていても、優先道路《ゆうせんどうろ》の標《ひょう》識《しき》がなければ、優先道路《ゆうせんどうろ》ではない。

【問《とい》23】 □□

原動機付自転車《げんどうきつきじてんしゃ》を運転《うんてん》するときは、肩《かた》の力《ちから》を抜《ぬ》き、ハンドルを軽《かる》く握《にぎ》るとともに、つま先《さき》はまっすぐ前方《ぜんぽう》に向《む》ける。

【問《とい》24】 □□

図《ず》４の標識《ひょうしき》のある道路《どうろ》では原動機付自転車《げんどうきつきじてんしゃ》であれば標識《ひょうしき》の方向《ほうこう》から進入《しんにゅう》することができる。

図《ず》4

【問《とい》25】 □□

２本《ほん》の白線《はくせん》で区画《くかく》されている路側帯《ろそくたい》は、その幅《はば》が広《ひろ》いときに限《かぎ》り、中《なか》に入《はい》って駐停車《ちゅうていしゃ》することができる。

【問《とい》26】 □□

原動機付自転車《げんどうきつきじてんしゃ》が、上《のぼ》り坂《ざか》の頂上付近《ちょうじょうふきん》で、徐行《じょこう》している原動機付《げんどうきつき》自転車《じてんしゃ》を追《お》い越《こ》した。

【問《とい》27】 □□

二輪車《にりんしゃ》の日常点検《にちじょうてんけん》をするとき、タイヤの空気圧《くうきあつ》は適正《てきせい》かどうかも点検《てんけん》する。

【問《とい》28】 □□

原動機付自転車《げんどうきつきじてんしゃ》ならば、一方通行《いっぽうつうこう》となっている道路《どうろ》を逆方向《ぎゃくほうこう》へ進《しん》行《こう》することができる。

【問《とい》29】 □□

狭《せま》い坂道《さかみち》での行《い》き違《ちが》いは、上《のぼ》りの車《くるま》が下《くだ》りの車《くるま》に進路《しんろ》をゆずらなければならない。

【問《とい》30】 □□

図《ず》５の標識《ひょうしき》のある道路《どうろ》で「原付《げんつき》を除《のぞ》く」の補助標識《ほじょひょうしき》があれば、原動機付自転車《げんどうきつきじてんしゃ》はその道路《どうろ》を通行《つうこう》することができる。

図《ず》5

問《とい》21 ○

雨《あめ》の日《ひ》は、工事現場《こうじげんば》の鉄板《てっぱん》、路面電車《ろめんでんしゃ》のレール、マンホールのふた、砂《すな》、枯《か》れ葉《は》、白線《はくせん》などがすべりやすい。

問《とい》22 × 重要《じゅうよう》

交差点《こうさてん》の中《なか》まで車両通行帯《しゃりょうつうこうたい》の線《せん》が引《ひ》かれている道路《どうろ》は、優先道路《ゆうせんどうろ》の標《ひょう》識《しき》がなくても、それだけで優先道路《ゆうせんどうろ》になる。

問《とい》23 ○ 頻出《ひんしゅつ》

二輪車《にりんしゃ》を運転《うんてん》するときは、肩《かた》の力《ちから》を抜《ぬ》いて、自然《しぜん》な状態《じょうたい》にし、つま先《さき》はまっすぐ前方《ぜんぽう》に向《む》ける。

問《とい》24 ×

問題《もんだい》の標識《ひょうしき》は「車両進入禁止《しゃりょうしんにゅうきんし》」を表示《ひょうじ》しているので、この標識《ひょうしき》のある道路《どうろ》では車《くるま》は標識《ひょうしき》の方向《ほうこう》から進入《しんにゅう》することができない。

問《とい》25 × 重要《じゅうよう》

2本《ほん》の白線《はくせん》で標示《ひょうじ》されている路側帯《ろそくたい》は、歩行者専用路側帯《ほこうしゃせんようろそくたい》なので、車《くるま》が中《なか》に入《はい》って駐停車《ちゅうていしゃ》することはできない。

問《とい》26 ×

上《のぼ》り坂《ざか》の頂上付近《ちょうじょうふきん》は、追越《おいこ》し禁止《きんし》、徐行《じょこう》すべき場所《ばしょ》なので、前車《ぜんしゃ》の後《うし》ろについて徐行《じょこう》し、追越《おいこ》しをしてはならない。

問《とい》27 ○

タイヤは空気圧《くうきあつ》が適正《てきせい》か、タイヤがすり減《へ》っていないかなどを点検《てんけん》する。

問《とい》28 × ひっかけ

一方通行《いっぽうつうこう》となっている道路《どうろ》では、補助標識《ほじょひょうしき》によって除外《じょがい》されない限《かぎ》り、逆方向《ぎゃくほうこう》へ進行《しんこう》することはできない。

問《とい》29 × 重要《じゅうよう》

狭《せま》い坂道《さかみち》での行《い》き違《ちが》いは、下《くだ》りの車《くるま》が安全《あんぜん》な場所《ばしょ》に停止《ていし》して、上《のぼ》りの車《くるま》に進路《しんろ》をゆずらなければならない。

問《とい》30 ○

問題《もんだい》の標識《ひょうしき》は「車両通行止《しゃりょうつうこうど》め」の本標識《ほんひょうしき》と「原付《げんつき》を除《のぞ》く」の補助標識《ほじょひょうしき》なので、原動機付自転車《げんどうきつきじてんしゃ》は通行《つうこう》できる。

【問《とい》31】 □□

原動機付自転車《げんどうきつきじてんしゃ》は、交通整理《こうつうせいり》の行《おこな》われていない交差点《こうさてん》（優先道路《ゆうせんどうろ》を除《のぞ》く）で、左方《さほう》の道幅《みちはば》の狭《せま》い道路《どうろ》から交差点《こうさてん》に入《はい》ろうとしている大型自動車《おおがたじどうしゃ》があっても、それに優先《ゆうせん》して進行《しんこう》することができる（環状交差点《かんじょうこうさてん》を除《のぞ》く）。

【問《とい》32】 □□

原動機付自転車《げんどうきつきじてんしゃ》は交差点《こうさてん》で左折《させつ》するときに大型車《おおがたしゃ》などの後輪《こうりん》に巻《ま》き込《こ》まれるおそれがあるので、大型車《おおがたしゃ》などの運転者《うんてんしゃ》から見《み》える位置《いち》を走行《そうこう》するようにする。

【問《とい》33】 □□

小型特殊免許《こがたとくしゅめんきょ》の所有者《しょゆうしゃ》が原動機付自転車《げんどうきつきじてんしゃ》を運転《うんてん》した。

【問《とい》34】 □□

片側《かたがわ》2車線《しゃせん》の道路《どうろ》の交差点《こうさてん》で信号機《しんごうき》が青《あお》を表示《ひょうじ》しているときには、原動機付自転車《げんどうきつきじてんしゃ》は、左折《させつ》や小回《こまわ》り右折《うせつ》をすることができる。

【問《とい》35】 □□

雪道《ゆきみち》や凍《こお》りついた道《みち》では、横《よこ》すべりや横転《おうてん》しないように、速度《そくど》を十分《じゅうぶん》落《お》として運転《うんてん》する。

【問《とい》36】 □□

図《ず》6の標識《ひょうしき》のある場所《ばしょ》へは車《くるま》は入《はい》ることができない。

図《ず》6

【問《とい》37】 □□

右折《うせつ》しようとして道路《どうろ》の中央《ちゅうおう》に寄《よ》っている自動車《じどうしゃ》を追《お》い越《こ》すときは、その左側《ひだりがわ》を通行《つうこう》することができる。

【問《とい》38】 □□

こどもが道路上《どうろじょう》で遊《あそ》んでいたので、警音器《けいおんき》を鳴《な》らして注意《ちゅうい》させ、その横《よこ》を通過《つうか》した。

【問《とい》39】 □□

車《くるま》は、前《まえ》の車《くるま》を追《お》い越《こ》すためやむを得《え》ないときには、軌道敷内《きどうしきない》を通行《つうこう》することができる。

【問《とい》40】 □□

原動機付自転車《げんどうきつきじてんしゃ》は路面電車《ろめんでんしゃ》が通行《つうこう》していないときなら、いつでも軌道敷内《きどうしきない》を通行《つうこう》することができる。

問《とい》31 ○ 頻出《ひんしゅつ》

優先道路《ゆうせんどうろ》や、通行《つうこう》している道路《どうろ》の幅《はば》が交差道路《こうさどうろ》より広《ひろ》いときは、左方《さほう》からくる車《くるま》があってもその車《くるま》に優先《ゆうせん》して通行《つうこう》することができる。

問《とい》32 ○ 頻出《ひんしゅつ》

大型車《おおがたしゃ》などは内輪差《ないりんさ》（曲《ま》がるとき後輪《こうりん》が前輪《ぜんりん》より内側《うちがわ》を通《とお》ることによる前後輪《ぜんこうりん》の軌跡《きせき》の差《さ》）が大《おお》きいので、車《くるま》の左側《ひだりがわ》を通行《つうこう》するときには巻《ま》き込《こ》まれないように注意《ちゅうい》する。

問《とい》33 ×

小型特殊免許《こがたとくしゅめんきょ》で運転《うんてん》できるのは小型特殊自動車《こがたとくしゅじどうしゃ》だけで、原動機付自転車《げんどうきつきじてんしゃ》を運転《うんてん》することはできない。

問《とい》34 ○ ひっかけ

片側《かたがわ》3車線以上《しゃせんいじょう》の道路《どうろ》の交差点《こうさてん》や標識《ひょうしき》により二段階右折《にだんかいうせつ》が指定《してい》されている交差点以外《こうさてんいがい》は小回《こまわ》り右折《うせつ》をすることができる。

問《とい》35 ○ 頻出《ひんしゅつ》

雪道《ゆきみち》や凍結《とうけつ》した道路《どうろ》は、たいへんすべりやすいので、二輪車《にりんしゃ》の運転《うんてん》は控《ひか》えた方《ほう》が安全《あんぜん》である。運転《うんてん》するときは速度《そくど》を十分落《じゅうぶんお》とす。

問《とい》36 ○

問題《もんだい》の標識《ひょうしき》は「安全地帯《あんぜんちたい》」を表示《ひょうじ》しているので、その場所《ばしょ》に車《くるま》は入《はい》ることはできない。

問《とい》37 ○ 重要《じゅうよう》

右折《うせつ》のため道路《どうろ》の中央《ちゅうおう》（一方通行《いっぽうつうこう》の道路《どうろ》では右端《みぎはし》）に寄《よ》っている自動車《じどうしゃ》を追《お》い越《こ》すときは、その左側《ひだりがわ》を通行《つうこう》しなければならない。

問《とい》38 ×

警音器《けいおんき》は鳴《な》らさずに、こどもの手前《てまえ》で一時停止《いちじていし》か徐行《じょこう》して、安全《あんぜん》に保護《ほご》しなければならない。

問《とい》39 × ひっかけ

「軌道敷内通行可《きどうしきないつうこうか》」の標識《ひょうしき》により認《みと》められた自動車《じどうしゃ》が通行《つうこう》する場合《ばあい》や右折《うせつ》する場合《ばあい》を除《のぞ》いて、軌道敷内《きどうしきない》を通行《つうこう》することはできない。

問《とい》40 ×

右左折《うさせつ》、横断《おうだん》、転回《てんかい》などで横切《よこぎ》るときや標識《ひょうしき》により通行《つうこう》が認《みと》められている車《くるま》など以外《いがい》は、通行《つうこう》することができない。

【問《とい》41】 □□

交差点《こうさてん》で右折《うせつ》する場合《ばあい》の合図《あいず》の時期《じき》は、その交差点《こうさてん》の中心《ちゅうしん》から30メートル手前《てまえ》の地点《ちてん》に達《たっ》したときに行《おこな》う（環状交差点《かんじょうこうさてん》を除《のぞ》く）。

【問《とい》42】 □□

図《ず》7の標識《ひょうしき》のある道路《どうろ》では交通量《こうつうりょう》が少《すく》ない場《ば》所《しょ》であってもUターンすることは禁止《きんし》されている。

図《ず》7

【問《とい》43】 □□

盲導犬《もうどうけん》を連《つ》れた人《ひと》が歩《ある》いているときは、一時停止《いちじていし》か徐行《じょこう》をしてその人《ひと》が安全《あんぜん》に通《とお》れるようにしなければならない。

【問《とい》44】 □□

曲《ま》がり角《かど》やカーブでは自分《じぶん》が通行区分《つうこうくぶん》を守《まも》り走《はし》っていても、対向《たいこう》車《しゃ》が中央線《ちゅうおうせん》を越《こ》えて走《はし》ってくることがあるので十分注意《じゅうぶんちゅうい》する。

【問《とい》45】 □□

子《こ》どもは、判断力《はんだんりょく》が未熟《みじゅく》なために無理《むり》に道路《どうろ》を横断《おうだん》しようとすることがあるので、特《とく》に注意《ちゅうい》しなければならない。

【問《とい》46】 □□

信号機《しんごうき》のない踏切《ふみきり》を前車《ぜんしゃ》に続《つづ》いて通過《つうか》するときでも、踏切《ふみきり》の直前《ちょくぜん》で必《かなら》ず一時停止《いちじていし》して、安全《あんぜん》を確《たし》かめなければならない。

問《とい》41 ✕ ひっかけ	交差点《こうさてん》で右折《うせつ》する場合《ばあい》の合図《あいず》の時期《じき》は、交差点《こうさてん》（手前《てまえ》の側端《そくたん》）から30メートル手前《てまえ》の地点《ちてん》で行《おこな》わなければならない。
問《とい》42 ○	問題《もんだい》の標識《ひょうしき》は「転回禁止《てんかいきんし》」を表示《ひょうじ》しているので、交通量《こうつうりょう》が少《すく》なくてもUターンすることはできない。
問《とい》43 ○ 頻出《ひんしゅつ》	身体《しんたい》に障害《しょうがい》がある歩行者《ほこうしゃ》が歩《ある》いている場合《ばあい》には、一時停止《いちじていし》か徐行《じょこう》をしてその人《ひと》が安全《あんぜん》に通《とお》れるようにしなければならない。
問《とい》44 ○ 重要《じゅうよう》	曲《ま》がり角《かど》やカーブでは対向車《たいこうしゃ》が道路《どうろ》の中央《ちゅうおう》からはみ出《だ》してくることがあるので注意《ちゅうい》しなければならない。
問《とい》45 ○ 頻出《ひんしゅつ》	子《こ》どもは、興味《きょうみ》をひくものに夢中《むちゅう》になり、突然道路上《とつぜんどうろじょう》に飛《と》び出《だ》したり、無理《むり》に横断《おうだん》しようとすることがあるので注意《ちゅうい》しなければならない。
問《とい》46 ○	踏切《ふみきり》を通過《つうか》しようとするときは、その手前《てまえ》で一時停止《いちじていし》をし、左右《さゆう》の安全《あんぜん》を確《たし》かめなければならない。

第《だい》3回実力養成《かいじつりょくようせい》テスト　攻略《こうりゃく》ポイントはココ！

追越《おいこ》し禁止場所《きんしばしょ》や追越《おいこ》し違反《いはん》となる場合《ばあい》を覚《おぼ》えよう

問《とい》2、20、26、37、39は「追越《おいこ》し禁止場所《きんしばしょ》」や「二重追越《にじゅうおいこ》し」などに関《かん》する問題《もんだい》。追越《おいこ》し禁止場所《きんしばしょ》は試験《しけん》に必《かなら》ず出題《しゅつだい》されるので、禁止場所《きんしばしょ》についてはしっかり覚《おぼ》えておこう。追越《おいこ》し自体《じたい》が禁止《きんし》されている場合《ばあい》や追越《おいこ》しの方法《ほうほう》、追《お》い越《こ》されるときのルールなどについても覚《おぼ》えておく必要《ひつよう》がある。

悪天候《あくてんこう》のときの通行方法《つうこうほうほう》は速度《そくど》を落《お》として慎重《しんちょう》に運転《うんてん》する

問《とい》21、35は、「天候《てんこう》の悪《わる》い日《ひ》の運転《うんてん》方法《ほうほう》」に関《かん》する問題《もんだい》。悪天候時《あくてんこうじ》の運転《うんてん》は試験《しけん》に多《おお》く出題《しゅつだい》されるので、雨《あめ》の日《ひ》の運転《うんてん》、雪道《ゆきみち》での運転《うんてん》、霧《きり》のときの運転《うんてん》についてしっかり覚《おぼ》えておこう。特《とく》に雨《あめ》の日《ひ》と、晴《は》れの日《ひ》との制動距離《せいどうきょり》の違《ちが》いや視界《しかい》の悪《わる》さなど、濃《こ》い霧《きり》が発生《はっせい》したときの通《つう》行方法《こうほうほう》について理解《りかい》しておく。

【問《とい》47】 交差点《こうさてん》の中《なか》をトラックに続《つづ》いて5km/hで進行《しんこう》しています。右折《うせつ》するときは、どのようなことに注意《ちゅうい》して運転《うんてん》しますか？

(1) トラックのかげになって対向車《たいこうしゃ》の状況《じょうきょう》がわからないので、トラックの右側方《みぎそくほう》に並《なら》んで右折《うせつ》する。

(2) トラックのかげになって対向車《たいこうしゃ》の状況《じょうきょう》がわからないので、トラックの後方《こうほう》で一時停止《いちじていし》してトラックが右折《うせつ》した後《あと》、対向車線《たいこうしゃせん》の交通《こうつう》や歩行者《ほこうしゃ》の動《うご》きを確《たし》かめて右折《うせつ》する。

(3) トラックのかげになって対向車《たいこうしゃ》の状況《じょうきょう》がわからないので、右折《うせつ》するときはトラックに続《つづ》いて急《いそ》いで進行《しんこう》する。

(1) □□ (2) □□ (3) □□

【問《とい》48】 30km/hで進行《しんこう》しています。どのようなことに注意《ちゅうい》して運転《うんてん》しますか？

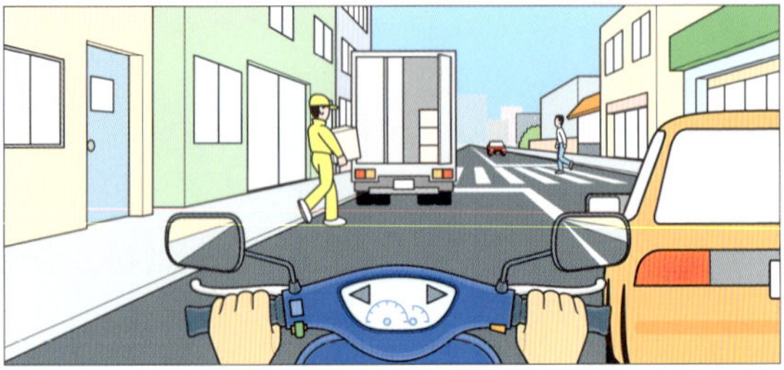

(1) トラックの前方《ぜんぽう》にある横断歩道《おうだんほどう》を横断《おうだん》している歩行者《ほこうしゃ》がいるので、横断歩道《おうだんほどう》の手前《てまえ》で一時停止《いちじていし》する。

(2) トラックのドアが開《ひら》いても安全《あんぜん》な間隔《かんかく》をあけて、いつでも止《と》まれるような速度《そくど》で接近《せっきん》し、横断歩道《おうだんほどう》の手前《てまえ》で一時停止《いちじていし》する。

(3) トラックの前方《ぜんぽう》にある横断歩道《おうだんほどう》を歩行者《ほこうしゃ》が渡《わた》り始《はじ》めているので、速度《そくど》を上《あ》げて急《いそ》いで走行《そうこう》する。

(1) □□ (2) □□ (3) □□

問《とい》47

(1) ×

(2) ○

(3) ×

●自分《じぶん》の車《くるま》が大型車《おおがたしゃ》など車《くるま》のかげに隠《かく》れてしまい、対向車《たいこうしゃ》や横断歩道《おうだんほどう》上《じょう》の歩行者《ほこうしゃ》から自分《じぶん》の車《くるま》が認知《にんち》されていないかもしれないし、こちらからも交差点《こうさてん》の状況《じょうきょう》や対向車線《たいこうしゃせん》の交通《こうつう》が確認《かくにん》できない。右折《うせつ》するときは**大型車《おおがたしゃ》が右折《うせつ》した後《あと》に、安全《あんぜん》を確認《かくにん》してから**にする。

トラックのかげになって対向車《たいこうしゃ》の状況《じょうきょう》がわからないので、一時停止《いちじていし》してトラックが右折《うせつ》するのを待《ま》ち、安全《あんぜん》を確《たし》かめてから右折《うせつ》する。

問《とい》48

(1) ○

(2) ○

(3) ×

●横断歩道《おうだんほどう》の直前《ちょくぜん》に駐車《ちゅうしゃ》している車《くるま》がある場合《ばあい》、その車《くるま》の**死角部分《しかくぶぶん》**に横断《おうだん》している人《ひと》とは別《べつ》の人《ひと》がいるかもしれない。駐車車両《ちゅうしゃしゃりょう》の側方《そくほう》を通《とお》って前方《ぜんぽう》に出《で》るときに**一時停止《いちじていし》をし、安全《あんぜん》を確認《かくにん》**してから進《すす》む。

トラックのすぐ前《まえ》の横断歩道《おうだんほどう》を横断《おうだん》している歩行者《ほこうしゃ》がいるので、トラックの横《よこ》を通《とお》って前《まえ》に出《で》るとき、一時停止《いちじていし》して安全《あんぜん》を確《たし》かめる。

第《だい》4回《かい》 実力養成《じつりょくようせい》テスト

■制限時間《せいげんじかん》／30分《ぷん》
■合格《ごうかく》ライン／45点《てん》
・問《とい》1〜問《とい》46は、各《かく》1点《てん》
・問《とい》47〜問《とい》48は、各《かく》2点《てん》

●次《つぎ》の問題《もんだい》で正《ただ》しいと思《おも》うものは「○」、誤《あやま》っていると思《おも》うものは「×」と答《こた》えなさい。

【問《とい》1】 □□
災害《さいがい》などでやむを得《え》ず道路《どうろ》に駐車《ちゅうしゃ》して避難《ひなん》する場合《ばあい》は、避難《ひなん》する人《ひと》の通行《つうこう》や、地震防災応急対策《じしんぼうさいおうきゅうたいさく》の実施《じっし》を妨《さまた》げるような場所《ばしょ》に駐車《ちゅうしゃ》してはならない。

【問《とい》2】 □□
前《まえ》の車《くるま》が右折《うせつ》するため右側《みぎがわ》に進路《しんろ》を変《か》えようとしているときは、その車《くるま》を追《お》い越《こ》してはならない。

【問《とい》3】 □□
発進《はっしん》するときは合図《あいず》さえすれば、前後左右《ぜんごさゆう》の安全《あんぜん》を確認《かくにん》する必要《ひつよう》はない。

【問《とい》4】 □□
原動機付自転車《げんどうきつきじてんしゃ》でカーブを通《とお》るときは、車体《しゃたい》を傾《かたむ》けることにより自然《しぜん》に曲《ま》がれるようにする。

【問《とい》5】 □□
原付免許《げんつきめんきょ》を受《う》けていれば原動機付自転車《げんどうきつきじてんしゃ》のほかに小型特殊自動車《こがたとくしゅじどうしゃ》も運転《うんてん》することができる。

【問《とい》6】 □□
図《ず》1の標識《ひょうしき》のある道路《どうろ》では、追越《おいこ》しをするための進路変更《しんろへんこう》や前車《ぜんしゃ》の横《よこ》を通《とお》り過《す》ぎることも禁止《きんし》されている。

図《ず》1

【問《とい》7】 □□
荷物《にもつ》を積《つ》んでいないときより重《おも》い荷物《にもつ》を積《つ》んでいるときのほうがブレーキがよくきく。

【問《とい》8】 □□
車両通行帯《しゃりょうつうこうたい》のない道路《どうろ》では、中央線《ちゅうおうせん》の左側《ひだりがわ》なら、どの部分《ぶぶん》を通行《つうこう》してもよい。

【問《とい》9】 □□
横断歩道《おうだんほどう》とその端《はし》から前後《ぜんご》に5メートル以内《いない》の場所《ばしょ》は、駐車《ちゅうしゃ》も停車《ていしゃ》もできない。

解答《かいとう》と解説《かいせつ》

自己採点《じこさいてん》	
1回目《かいめ》	2回目《かいめ》

問《とい》1 ○ 頻出《ひんしゅつ》

避難《ひなん》する人《ひと》の通行《つうこう》や、地震防災応急対策《じしんぼうさいおうきゅうたいさく》の実施《じっし》の妨《さまた》げとなる場所《ばしょ》には駐車《ちゅうしゃ》してはならない。

問《とい》2 ○

前《まえ》の車《くるま》が右折《うせつ》などのため進路《しんろ》を変《か》えようとしているときは、追越《おいこ》しをしてはならない。

問《とい》3 × 重要《じゅうよう》

方向指示器《ほうこうしじき》などで発進《はっしん》の合図《あいず》をし、バックミラーなどで前後左右《ぜんごさゆう》の安全《あんぜん》を確《たし》かめなければならない。

問《とい》4 ○

カーブを曲《ま》がるときは、ハンドルを切《き》るのではなく、車体《しゃたい》を傾《かたむ》けることによって自然《しぜん》に曲《ま》がるような要領《ようりょう》で行《おこな》う。

問《とい》5 × ひっかけ

原付免許《げんつきめんきょ》で運転《うんてん》できる車《くるま》は、原動機付自転車《げんどうきつきじてんしゃ》だけである。

問《とい》6 ○

問題《もんだい》の標識《ひょうしき》は「追越《おいこ》し禁止《きんし》」を表示《ひょうじ》しているので、追越《おいこ》しのための進路変更《しんろへんこう》や追抜《おいぬ》きをすることも禁止《きんし》されている。

問《とい》7 × ひっかけ

重《おも》い荷物《にもつ》を積《つ》むと制動距離《せいどうきょり》が長《なが》くなり、ブレーキをかける強《つよ》さが同《おな》じ場合《ばあい》、ききは悪《わる》くなる。

問《とい》8 × 頻出《ひんしゅつ》

追越《おいこ》しなどやむを得《え》ない場合《ばあい》のほかは、道路《どうろ》の左側《ひだりがわ》に寄《よ》って進行《しんこう》しなければならない。

問《とい》9 ○

横断歩道《おうだんほどう》や自転車横断帯《じてんしゃおうだんたい》とその端《はし》から前後《ぜんご》に5メートル以内《いない》の場所《ばしょ》は、駐停車禁止《ちゅうていしゃきんし》である。

頻出《ひんしゅつ》……試験《しけん》によく出《で》る問題《もんだい》　ひっかけ……ひっかけ問題《もんだい》　重要《じゅうよう》……理解《りかい》しておきたい問題《もんだい》

【問《とい》10】 □□
図《ず》2の標示《ひょうじ》のある通行帯《つうこうたい》は朝《あさ》の7時《じ》から9時《じ》以外《いがい》は一般《いっぱん》の車《くるま》も通行《つうこう》することができる。

図《ず》2

【問《とい》11】 □□
道路《どうろ》の曲《ま》がり角付近《かどふきん》を通行《つうこう》するときは、徐行《じょこう》しなければならない。

【問《とい》12】 □□
進路《しんろ》の前方《ぜんぽう》に障害物《しょうがいぶつ》があるときは、あらかじめ一時停止《いちじていし》か減速《げんそく》をして反対方向《はんたいほうこう》からの車《くるま》に道《みち》をゆずらなければならない。

【問《とい》13】 □□
雨《あめ》の日《ひ》は、路面《ろめん》がすべりやすく停止距離《ていしきょり》も長《なが》くなるので、晴天《せいてん》のときより車間距離《しゃかんきょり》を多《おお》くとるのがよい。

【問《とい》14】 □□
長《なが》い下《くだ》り坂《ざか》ではむやみにブレーキを使《つか》わず、なるべくエンジンブレーキを使《つか》うとよい。

【問《とい》15】 □□
ヘルメットは頭部《とうぶ》がむれないようにするため、軽《かる》い工事用《こうじよう》ヘルメットでもよい。

【問《とい》16】 □□
オートマチック二輪車《にりんしゃ》に無段変速装置《むだんへんそくそうち》があるときは、エンジンの回転数《かいてんすう》が低《ひく》いと車輪《しゃりん》にエンジンの力《ちから》が伝《つた》わりにくい特性《とくせい》がある。

【問《とい》17】 □□
携帯電話《けいたいでんわ》を手《て》に持《も》って運転《うんてん》すると危険《きけん》なので、どうしても使用《しよう》する必要《ひつよう》がある場合《ばあい》は、安全《あんぜん》な場所《ばしょ》に車《くるま》を止《と》めて使用《しよう》する。

【問《とい》18】 □□
原動機付自転車《げんどうきつきじてんしゃ》は、歩行者《ほこうしゃ》との間隔《かんかく》が安全《あんぜん》でない場合《ばあい》は、徐行《じょこう》して進行《しんこう》しなければならない。

【問《とい》19】 □□
急発進《きゅうはっしん》や急《きゅう》ブレーキは危険《きけん》なばかりでなく、交通公害《こうつうこうがい》のもととなる。

【問《とい》20】 □□
図《ず》3の標識《ひょうしき》のある通行帯《つうこうたい》は原動機付自転車《げんどうきつきじてんしゃ》は通行《つうこう》することはできない。

図《ず》3

問《とい》10 ○

問題《もんだい》の標示《ひょうじ》は朝《あさ》の７時《じ》から９時《じ》までは「専用通行帯《せんようつうこうたい》」を表示《ひょうじ》しているので、その時間以外《じかんいがい》は一般《いっぱん》の車《くるま》も通行《つうこう》できる。

問《とい》11 ○ 頻出《ひんしゅつ》

道路《どうろ》の曲《ま》がり角付近《かどふきん》は徐行《じょこう》場所《ばしょ》となっている。

問《とい》12 ○ 重要《じゅうよう》

自分《じぶん》の進路《しんろ》の前方《ぜんぽう》に障害物《しょうがいぶつ》があるときは、その手前《てまえ》で一時停止《いちじていし》をするか、減速《げんそく》して、対向車《たいこうしゃ》に進路《しんろ》をゆずらなければならない。

問《とい》13 ○

雨《あめ》の日《ひ》は、晴《は》れの日《ひ》よりも速度《そくど》を落《お》とし、車間距離《しゃかんきょり》を十分《じゅうぶん》にとり、慎重《しんちょう》な運転《うんてん》を心《こころ》がける。

問《とい》14 ○ ひっかけ

長《なが》い下《くだ》り坂《ざか》で、ブレーキをひんぱんに使《つか》いすぎると、急《きゅう》にブレーキがきかなくなることがある。

問《とい》15 ×

ＰＳ（ｃ）マークかＪＩＳマークのついた乗車用《じょうしゃよう》ヘルメットをかぶらなければならない。

問《とい》16 ○ 頻出《ひんしゅつ》

無段変速装置付《むだんへんそくそうちつき》のオートマチック二輪車《にりんしゃ》は、エンジンの回転数《かいてんすう》が低《ひく》いときには、車輪《しゃりん》にエンジンの力《ちから》が伝《つた》わりにくい特性《とくせい》がある。

問《とい》17 ○

携帯電話《けいたいでんわ》をやむを得《え》ず使用《しよう》するときは、必《かなら》ず安全《あんぜん》な場所《ばしょ》に車《くるま》を止《と》めてから使用《しよう》する。

問《とい》18 ○

歩行者《ほこうしゃ》のそばを通《とお》るときは、歩行者《ほこうしゃ》との間《あいだ》に安全《あんぜん》な間隔《かんかく》をあけるか、徐行《じょこう》しなければならない。

問《とい》19 ○ 頻出《ひんしゅつ》

急発進《きゅうはっしん》、急《きゅう》ブレーキや空《から》ぶかしを行《おこな》ったり、継続的《けいぞくてき》に停止《ていし》するときにアイドリング状態《じょうたい》を続《つづ》けると地球温暖化《ちきゅうおんだんか》の一因《いちいん》となる。

問《とい》20 ×

問題《もんだい》の標識《ひょうしき》は「専用通行帯《せんようつうこうたい》」を表示《ひょうじ》しているので、原動機付自転車《げんどうきつきじてんしゃ》や小型特殊自動車《こがたとくしゅじどうしゃ》、軽車両《けいしゃりょう》は通行《つうこう》できる。

【問《とい》21】 □□
黄色《きいろ》の灯火《とうか》が点滅《てんめつ》している交差点《こうさてん》では、必《かなら》ず一時停止《いちじていし》して安全《あんぜん》を確《たし》かめてから進《すす》まなければならない。

【問《とい》22】 □□
原動機付自転車《げんどうきつきじてんしゃ》は、交通量《こうつうりょう》が少《すく》ないときには自転車道《じてんしゃどう》を通行《つうこう》してもよい。

【問《とい》23】 □□
原動機付自転車《げんどうきつきじてんしゃ》の法定最高速度《ほうていさいこうそくど》は、標識《ひょうしき》や標示《ひょうじ》による指定《してい》がなければ40キロメートル毎時《まいじ》である。

【問《とい》24】 □□
交差点《こうさてん》へ先《さき》に入《はい》っても右折車《うせつしゃ》は、直進車《ちょくしんしゃ》、左折車《させつしゃ》、路面電車《ろめんでんしゃ》の進行《しんこう》を妨《さまた》げてはならない（環状交差点《かんじょうこうさてん》を除《のぞ》く）。

【問《とい》25】 □□
停留所《ていりゅうじょ》で止《と》まっている路線《ろせん》バスに追《お》いついたときは、路線《ろせん》バスが発進《はっしん》するまで後方《こうほう》で一時停止《いちじていし》していなければならない。

【問《とい》26】 □□
図《ず》4の標示《ひょうじ》は、転回禁止《てんかいきんし》の区間《くかん》の終《お》わりを表《あらわ》しているので、Uターンすることができる。

図《ず》4

【問《とい》27】 □□
中央《ちゅうおう》に軌道敷《きどうしき》のある道路《どうろ》で路面電車《ろめんでんしゃ》を追《お》い越《こ》すときは、路面電車《ろめんでんしゃ》の左側《ひだりがわ》を通行《つうこう》しなければならない。

【問《とい》28】 □□
原動機付自転車《げんどうきつきじてんしゃ》は同乗者用《どうじょうしゃよう》の座席《ざせき》が備《そな》えられている場合《ばあい》でも2人《ふたり》乗《の》りはできない。

【問《とい》29】 □□
交通事故《こうつうじこ》を起《お》こした場合《ばあい》は、救急車《きゅうきゅうしゃ》を待《ま》つ間《あいだ》に止血《しけつ》などの措置《そち》をしたほうがよい。

【問《とい》30】 □□
原動機付自転車《げんどうきつきじてんしゃ》の積《つ》み荷《に》の幅《はば》の制限《せいげん》は、ハンドルの幅《はば》いっぱいまでである。

【問《とい》31】 □□
一時停止《いちじていし》の標識《ひょうしき》があるときは、停止線《ていしせん》の直前《ちょくぜん》で一時停止《いちじていし》をして安全《あんぜん》を確認《かくにん》した後《あと》に通行《つうこう》する。

問《とい》21　×　重要《じゅうよう》

黄色《きいろ》の灯火《とうか》が点滅《てんめつ》している交差点《こうさてん》では、歩行者《ほこうしゃ》や車《くるま》などは、他《ほか》の交通《こうつう》に注意《ちゅうい》して進《すす》むことができる。

問《とい》22　×　ひっかけ

自転車道《じてんしゃどう》は交通量《こうつうりょう》が少《すく》なくても、原動機付自転車《げんどうきつきじてんしゃ》は通行《つうこう》できない。

問《とい》23　×

原動機付自転車《げんどうきつきじてんしゃ》の法定最高速度《ほうていさいこうそくど》は30キロメートル毎時《まいじ》である。

問《とい》24　○　頻出《ひんしゅつ》

右折《うせつ》しようとする場合《ばあい》に、その交差点《こうさてん》で直進《ちょくしん》か左折《させつ》をする車《くるま》や路面電車《ろめんでんしゃ》がいるときは、自分《じぶん》の車《くるま》が先《さき》に交差点《こうさてん》に入《はい》っていても、その通行《つうこう》を妨《さまた》げてはならない。

問《とい》25　×　ひっかけ

路線《ろせん》バスが発進《はっしん》の合図《あいず》をしているとき以外《いがい》は安全《あんぜん》を確認《かくにん》して通過《つうか》することができる。

問《とい》26　×

問題《もんだい》の標示《ひょうじ》は「転回禁止《てんかいきんし》」を表示《ひょうじ》しているので、Uターンすることはできない。

問《とい》27　○　頻出《ひんしゅつ》

道路《どうろ》の中央付近《ちゅうおうふきん》を走行《そうこう》する路面電車《ろめんでんしゃ》を追《お》い越《こ》すときは、その左側《ひだりがわ》を通行《つうこう》しなければならない。

問《とい》28　○

原動機付自転車《げんどうきつきじてんしゃ》の乗車定員《じょうしゃていいん》は1人《ひとり》である。

問《とい》29　○　頻出《ひんしゅつ》

負傷者《ふしょうしゃ》がいる場合《ばあい》は、医師《いし》、救急車《きゅうきゅうしゃ》などが到着《とうちゃく》するまでの間《あいだ》、ガーゼや清潔《せいけつ》なハンカチで止血《しけつ》するなど、可能《かのう》な応急手当《おうきゅうてあて》を行《おこな》う。

問《とい》30　×

二輪車《にりんしゃ》の積《つ》み荷《に》の幅《はば》の制限《せいげん》は、積載装置《せきさいそうち》の幅《はば》＋左右《さゆう》15センチメートル以下《いか》である。

問《とい》31　○　重要《じゅうよう》

一時停止《いちじていし》の標識《ひょうしき》があるときは、停止線《ていしせん》の直前《ちょくぜん》（停止線《ていしせん》がないときは、交差点《こうさてん》の直前《ちょくぜん》）で一時停止《いちじていし》をするとともに、交差《こうさ》する道路《どうろ》を通行《つうこう》する車《くるま》などの通行《つうこう》を妨《さまた》げてはならない。

【問《とい》32】 □□

図《ず》5の標識《ひょうしき》のある道路《どうろ》は普通自動車《ふつうじどうしゃ》は通行《つうこう》できないが、原動機付自転車《げんどうきつきじてんしゃ》は通行《つうこう》できる。

図《ず》5

【問《とい》33】 □□

夜間《やかん》、対向車《たいこうしゃ》の多《おお》い道路《どうろ》では相手《あいて》に注意《ちゅうい》を与《あた》えるため、前照灯《ぜんしょうとう》を上向《うわむ》きにしたまま運転《うんてん》したほうが安全《あんぜん》である。

【問《とい》34】 □□

交通規則《こうつうきそく》を守《まも》っていても、自分本位《じぶんほんい》の無理《むり》な運転《うんてん》をすると、みんなに迷惑《めいわく》をかけるばかりでなく自分自身《じぶんじしん》も危険《きけん》である。

【問《とい》35】 □□

交差点付近《こうさてんふきん》の横断歩道《おうだんほどう》のない道路《どうろ》を歩行者《ほこうしゃ》が横断《おうだん》していたが、車《くるま》のほうに優先権《ゆうせんけん》があるので、横断《おうだん》を中止《ちゅうし》させて通過《つうか》した。

【問《とい》36】 □□

こどもがひとりで歩《ある》いている場合《ばあい》には、一時停止《いちじていし》か徐行《じょこう》をして安全《あんぜん》に通《とお》れるようにしなければならない。

【問《とい》37】 □□

図《ず》6の標識《ひょうしき》のある場所《ばしょ》を通過後《つうかご》に、原動機付自転車《げんどうきつきじてんしゃ》で60キロメートル毎時《まいじ》に速度《そくど》を上《あ》げて走行《そうこう》した。

図《ず》6

【問《とい》38】 □□

警察官《けいさつかん》や交通巡視員《こうつうじゅんしいん》が、交差点以外《こうさてんいがい》の道路《どうろ》で手信号《てしんごう》をしているときの停止位置《ていしいち》は、その警察官《けいさつかん》などの10メートル手前《てまえ》である。

【問《とい》39】 □□

右左折《うさせつ》や転回《てんかい》をするときは、30メートル手前《てまえ》で合図《あいず》を出《だ》さなければならないが、徐行《じょこう》や停止《ていし》をする場合《ばあい》はそのときでよい（環状交差点《かんじょうこうさてん》を除《のぞ》く）。

【問《とい》40】 □□

道路《どうろ》に平行《へいこう》して駐車《ちゅうしゃ》している車《くるま》の右側《みぎがわ》に並《なら》んで駐車《ちゅうしゃ》することはできないが、停車《ていしゃ》はできる。

【問《とい》41】 □□

エンジンブレーキをきかせながら、前後輪《ぜんこうりん》のブレーキを同時《どうじ》にかけるのが、二輪車《にりんしゃ》の正《ただ》しいブレーキのかけ方《かた》である。

問《とい》32 ○ ひっかけ

問題《もんだい》の標識《ひょうしき》は「二輪《にりん》の自動車以外《じどうしゃいがい》の自動車通行止《じどうしゃつうこうど》め」を表示《ひょうじ》しているので、自動二輪車《じどうにりんしゃ》や原動機付自転車《げんどうきつきじてんしゃ》は通行《つうこう》できるが、そのほかの自動車《じどうしゃ》は通行《つうこう》できない。

問《とい》33 × 頻出《ひんしゅつ》

交通量《こうつうりょう》の多《おお》い市街地《しがいち》の道路《どうろ》などでは、つねに前照灯《ぜんしょうとう》を下向《したむ》きに切《き》り替《か》えて運転《うんてん》する。

問《とい》34 ○

自分勝手《じぶんかって》に運転《うんてん》すると、自分自身《じぶんじしん》も危険《きけん》であり、ほかの人《ひと》にも迷惑《めいわく》をかけたりすることがある。

問《とい》35 × 頻出《ひんしゅつ》

横断歩道《おうだんほどう》のない交差点《こうさてん》などを歩行者《ほこうしゃ》が横断《おうだん》しているときは、その通行《つうこう》を妨《さまた》げてはならない。

問《とい》36 ○

こどもは、興味《きょうみ》をひくものに夢中《むちゅう》になり、突然道路上《とつぜんどうろじょう》に飛《と》び出《だ》すことがあるので、一時停止《いちじていし》か徐行《じょこう》をして安全《あんぜん》に通《とお》れるようにしなければならない。

問《とい》37 × 重要《じゅうよう》

問題《もんだい》の標識《ひょうしき》は「最高速度《さいこうそくど》」30キロメートル毎時《まいじ》の本標識《ほんひょうしき》と「終《お》わり」の補助標識《ほじょひょうしき》であるが、原動機付自転車《げんどうきつきじてんしゃ》の最高速度《さいこうそくど》は30キロメートル毎時《まいじ》なので、30キロメートル毎時《まいじ》を超《こ》える速度《そくど》を出《だ》すことはできない。

問《とい》38 ×

交差点以外《こうさてんいがい》で、横断歩道《おうだんほどう》、自転車横断帯《じてんしゃおうだんたい》も踏切《ふみきり》もないところで警察官《けいさつかん》や交通巡視員《こうつうじゅんしいん》が手信号《てしんごう》や灯火《とうか》による信号《しんごう》をしているときの停止位置《ていしいち》は、その警察官《けいさつかん》や交通巡視員《こうつうじゅんしいん》の1メートル手前《てまえ》である。

問《とい》39 ○ ひっかけ

徐行《じょこう》や停止《ていし》、後退《こうたい》をする場合《ばあい》の合図《あいず》はそのときでよいが、進路変更《しんろへんこう》する場合《ばあい》の合図《あいず》は約《やく》3秒前《びょうまえ》に行《おこな》う。

問《とい》40 ×

道路《どうろ》に平行《へいこう》して駐停車《ちゅうていしゃ》している車《くるま》と並《なら》んで駐停車《ちゅうていしゃ》してはならない。

問《とい》41 ○ 重要《じゅうよう》

ブレーキをかけるときは、車体《しゃたい》を垂直《すいちょく》に保《たも》ち、ハンドルを切《き》らない状態《じょうたい》で、アクセルをもどしエンジンブレーキをきかせながら前後輪《ぜんこうりん》のブレーキを同時《どうじ》にかける。

【問《とい》42】 □□

図《ず》7の標識《ひょうしき》のある道路《どうろ》で、登坂車線《とうはんしゃせん》を通《つう》行《こう》できるのは、荷物《にもつ》を積《つ》んだトラックだけである。

図《ず》7

【問《とい》43】 □□

原動機付自転車《げんどうきつきじてんしゃ》で右左折《うさせつ》の合図《あいず》をする場合《ばあい》は、方向指示器《ほうこうしじき》によって行《おこな》うだけで、手《て》による合図《あいず》は行《おこな》ってはならない。

【問《とい》44】 □□

踏切《ふみきり》を通過《つうか》しようとしたとき、しゃ断機《だんき》が降《お》り始《はじ》めたが、電車《でんしゃ》はまだ見《み》えなかったので、急《いそ》いで通過《つうか》した。

【問《とい》45】 □□

安全地帯《あんぜんちたい》のない停留所《ていりゅうじょ》に路面電車《ろめんでんしゃ》が停止《ていし》しているときに乗降客《じょうこうきゃく》がいない場合《ばあい》、路面電車《ろめんでんしゃ》との間隔《かんかく》を1.5メートルあければ徐行《じょこう》して通《つう》行《こう》できる。

【問《とい》46】 □□

身体《しんたい》の不自由《ふじゆう》な人《ひと》が、車《くるま》いすで通行《つうこう》しているときは、その通行《つうこう》を妨《さまた》げないように一時停止《いちじていし》するか、または徐行《じょこう》しなければならない。

問《とい》42 ×

問題《もんだい》の標識《ひょうしき》は「登坂車線《とうはんしゃせん》」を表示《ひょうじ》しているが、この車線《しゃせん》に入《はい》ることができるのは速度《そくど》が遅《おそ》い車《くるま》である。

問《とい》43 × 重要《じゅうよう》

原動機付自転車《げんどうきつきじてんしゃ》など車体《しゃたい》の小《ちい》さい車《くるま》は、必要《ひつよう》に応《おう》じて手《て》による合図《あいず》も併用《へいよう》したほうがよい。

問《とい》44 × 頻出《ひんしゅつ》

警報器《けいほうき》が鳴《な》っているとき、しゃ断機《だんき》が降《お》りているときや降《お》り始《はじ》めているときは踏切《ふみきり》に入《はい》ってはいけない。

問《とい》45 ○ ひっかけ

安全地帯《あんぜんちたい》のない停留所《ていりゅうじょ》に路面電車《ろめんでんしゃ》が停止《ていし》し、乗降客《じょうこうきゃく》がいない場合《ばあい》、路面電車《ろめんでんしゃ》との間隔《かんかく》を1.5メートル以上《いじょう》あけることができれば、徐行《じょこう》して通行《つうこう》できる。

問《とい》46 ○ 頻出《ひんしゅつ》

身体《しんたい》に障害《しょうがい》がある歩行者《ほこうしゃ》などがいる場合《ばあい》には、一時停止《いちじていし》か徐行《じょこう》をして、これらの人《ひと》が安全《あんぜん》に通《とお》れるようにしなければならない。

第《だい》4回実力養成《かいじつりょくようせい》テスト 攻略《こうりゃく》ポイントはココ！

駐車禁止場所《ちゅうしゃきんしばしょ》と駐停車禁止場所《ちゅうていしゃきんしばしょ》を混同《こんどう》しないように

問《とい》9、40は、「駐停車《ちゅうていしゃ》」に関《かん》する問題《もんだい》。駐停車《ちゅうていしゃ》のルールは試験《しけん》に必《かなら》ず出題《しゅつだい》されるので、「駐車《ちゅうしゃ》と停車《ていしゃ》の違《ちが》い」、「駐車《ちゅうしゃ》の方法《ほうほう》」、「駐停車《ちゅうていしゃ》の禁止場所《きんしばしょ》」、「駐車《ちゅうしゃ》の禁止《きんし》場所《ばしょ》」についてはしっかり覚《おぼ》えておこう。特《とく》に「駐車《ちゅうしゃ》が禁止《きんし》されている場所《ばしょ》」と「駐《ちゅう》停車《ていしゃ》が禁止《きんし》されている場所《ばしょ》」は混同《こんどう》しがちなので要注意《ようちゅうい》！　本番前《ほんばんまえ》に整理《せいり》しておきたい。

合図《あいず》の時期《じき》と合図《あいず》の方法《ほうほう》を混同《こんどう》しないで理解《りかい》しよう

問《とい》39、43は「合図《あいず》」に関《かん》する問題《もんだい》。合図《あいず》を行《おこな》う場合《ばあい》は合図《あいず》の時期《じき》と方法《ほうほう》を理解《りかい》しておく。右左折《うさせつ》や転回《てんかい》をするときの合図《あいず》の時期《じき》と進路変更《しんろへんこう》をするときの合図《あいず》の時期《じき》は混同《こんどう》しがちなので要注意《ようちゅうい》。本番《ほんばん》前《まえ》に整理《せいり》しておきたい。徐行《じょこう》や停止《ていし》をするときの合図《あいず》の時期《じき》も理解《りかい》しておきたい。

【問《とい》47】 30km/hで進行《しんこう》しています。どのようなことに注意《ちゅうい》して運転《うんてん》しますか？

（1）□□
（2）□□
（3）□□

(1) 見通《みとお》しが悪《わる》く、カーブの先《さき》が急《きゅう》になっていると曲《ま》がり切《き》れずに、ガードレールに接触《せっしょく》するおそれがあるので、速度《そくど》を落《お》として進《しん》行《こう》する。

(2) 対向車《たいこうしゃ》がくる様子《ようす》がないので、このままの速度《そくど》でカーブに入《はい》り、カーブの後半《こうはん》で一気《いっき》に加速《かそく》して進行《しんこう》する。

(3) 対向車《たいこうしゃ》が中央線《ちゅうおうせん》を越《こ》えて進行《しんこう》してくることが考《かんが》えられるので、速度《そくど》を落《お》として車線《しゃせん》の左側《ひだりがわ》に寄《よ》って進行《しんこう》する。

【問《とい》48】 右折《うせつ》のため交差点《こうさてん》で停止《ていし》しています。対向車《たいこうしゃ》が左折《させつ》の合図《あいず》をしながら交差点《こうさてん》に近《ちか》づいてきたとき、どのようなことに注意《ちゅうい》して運転《うんてん》しますか？

（1）□□
（2）□□
（3）□□

(1) 対向車《たいこうしゃ》の後方《こうほう》に他《ほか》の車《くるま》が見《み》えなかったので、左折《させつ》の合図《あいず》をしている対向車《たいこうしゃ》より先《さき》に、そのまま右折《うせつ》を始《はじ》める。

(2) 左折《させつ》の合図《あいず》をしている対向車《たいこうしゃ》が交差点《こうさてん》に接近《せっきん》してきているので、対向車《たいこうしゃ》を先《さき》に左折《させつ》させてから安全《あんぜん》を確認《かくにん》し、右折《うせつ》する。

(3) 左折《させつ》する対向車《たいこうしゃ》は歩行者《ほこうしゃ》が横断《おうだん》しているため、横断歩道《おうだんほどう》の手前《てまえ》で停止《ていし》すると考《かんが》えられるので、対向車《たいこうしゃ》が横断歩道《おうだんほどう》を通過《つうか》する前《まえ》に右折《うせつ》する。

問《とい》47

(1) ○

(2) ×

(3) ○

●カーブでは車《くるま》に遠心力《えんしんりょく》が働《はたら》き外側《そとがわ》にすべり出《だ》そうとするため、カーブを曲《ま》がり切《き》れずにガードレールに接触《せっしょく》したり、横転《おうてん》したりすることがある。カーブの手前《てまえ》では十分速度《じゅうぶんそくど》を落《お》とす。

●カーブでは、あらかじめ対向車《たいこうしゃ》がくることを予測《よそく》しておくとともに、対向車《たいこうしゃ》が道路《どうろ》の中央《ちゅうおう》からはみ出《だ》してくることがあるため、注意《ちゅうい》が必要《ひつよう》である。また、自分《じぶん》の車《くるま》も道路《どうろ》の中央《ちゅうおう》から右側《みぎがわ》へはみ出《だ》さないように注意《ちゅうい》する。

カーブでは対向車《たいこうしゃ》のあることを予測《よそく》し、カーブの手前《てまえ》で速度《そくど》を落《お》として車線《しゃせん》の左側《ひだりがわ》に寄《よ》って進行《しんこう》する。

問《とい》48

(1) ×

(2) ○

(3) ×

●交差点《こうさてん》を右折《うせつ》するときに左折《させつ》の合図《あいず》をしている対向車《たいこうしゃ》がいるときは、対向車《たいこうしゃ》を先《さき》に行《い》かせるか、自分《じぶん》の車《くるま》が先《さき》に右折《うせつ》するかを、対向車《たいこうしゃ》の交差点《こうさてん》までの距離《きょり》と速度《そくど》などから判断《はんだん》する。

●対向車《たいこうしゃ》が横断歩道《おうだんほどう》の手前《てまえ》で一時停止《いちじていし》しようとしているときには、対向車《たいこうしゃ》の進路《しんろ》を妨《さまた》げるような右折《うせつ》はしないようにする。

左折《させつ》する対向車《たいこうしゃ》がいるので、急《いそ》がずに対向車《たいこうしゃ》を先《さき》に左折《させつ》させてから、安全《あんぜん》を確認《かくにん》して右折《うせつ》する。

第《だい》5回《かい》 実力養成《じつりょくようせい》テスト

■制限時間《せいげんじかん》／30分《ぷん》
■合格《ごうかく》ライン／45点《てん》
・問《とい》1～問《とい》46は、各《かく》1点《てん》
・問《とい》47～問《とい》48は、各《かく》2点《てん》

●次《つぎ》の問題《もんだい》で正《ただ》しいと思《おも》うものは「○」、誤《あやま》っていると思《おも》うものは「×」と答《こた》えなさい。

【問《とい》1】 □□
暗《くら》いトンネルから明《あか》るい場所《ばしょ》へ急《きゅう》に出《で》たときは、一時《いちじ》視力《しりょく》が急激《きゅうげき》に低下《ていか》し、見《み》えなくなることがある。

【問《とい》2】 □□
駐車場《ちゅうしゃじょう》へ入《はい》るため、右折《うせつ》しようとして道路《どうろ》の中央《ちゅうおう》に寄《よ》っている自《じ》動車《どうしゃ》を追《お》い越《こ》すときは、その左側《ひだりがわ》を通行《つうこう》しなければならない。

【問《とい》3】 □□
青色《あおいろ》の信号《しんごう》で交差点《こうさてん》に入《はい》って、右折《うせつ》するため停止中《ていしちゅう》に信号機《しんごうき》の信《しん》号《ごう》が黄色《きいろ》から赤色《あかいろ》に変《か》わったときは、その場《ば》で停止《ていし》していなければならない。

【問《とい》4】 □□
上《のぼ》り坂《ざか》の頂上《ちょうじょう》付近《ふきん》で、荷物《にもつ》を降《お》ろすために停車《ていしゃ》することは差《さ》し支《つか》えない。

【問《とい》5】 □□
信号機《しんごうき》の信号《しんごう》は青色《あおいろ》であったが、警察官《けいさつかん》が交差点《こうさてん》の中央《ちゅうおう》で両腕《りょううで》を横《よこ》に水平《すいへい》に上《あ》げている手信号《てしんごう》に対面《たいめん》したので、停止線《ていしせん》の直前《ちょくぜん》で停《てい》止《し》した。

【問《とい》6】 □□
図《ず》1の標識《ひょうしき》のあるところでは、左側《ひだりがわ》からの合《ごう》流車《りゅうしゃ》に注意《ちゅうい》して運転《うんてん》しなければならない。

図《ず》1

【問《とい》7】 □□
歩行者《ほこうしゃ》や自転車《じてんしゃ》のそばを通《とお》るときは、安全《あんぜん》な間隔《かんかく》をあけるか、徐行《じょこう》しなければならない。

【問《とい》8】 □□
原付免許《げんつきめんきょ》を受《う》けて1年間《ねんかん》を初心運転者期間《しょしんうんてんしゃきかん》といい、この間《あいだ》に違反《いはん》をして一定《いってい》の基準《きじゅん》に達《たっ》した人《ひと》は初心運転者講習《しょしんうんてんしゃこうしゅう》を受《う》けなければならない。

【問《とい》9】 □□
一方通行《いっぽうつうこう》の道路《どうろ》では、道路《どうろ》の中央《ちゅうおう》から右側部分《みぎがわぶぶん》にはみ出《だ》して通行《つうこう》することができる。

解答《かいとう》と解説《かいせつ》

自己採点《じこさいてん》	
1回目《かいめ》	2回目《かいめ》

問《とい》1 ○ 重要《じゅうよう》

明《あか》るさが急《きゅう》に変《か》わると、視力《しりょく》は、一時急激《いちじきゅうげき》に低下《ていか》する。

問《とい》2 ○

右折《うせつ》などのため道路《どうろ》の中央《ちゅうおう》に寄《よ》っている車《くるま》を追《お》い越《こ》すときは、その左《ひだり》側《がわ》を通行《つうこう》しなければならない。

問《とい》3 × ひっかけ

青色《あおいろ》の信号《しんごう》で交差点内《こうさてんない》に入《はい》ったときは、右折《うせつ》するため停止中《ていしちゅう》に信号《しんごう》が黄色《きいろ》から赤色《あかいろ》に変《か》わっても、右折《うせつ》することができる。

問《とい》4 × ひっかけ

上《のぼ》り坂《ざか》の頂上付近《ちょうじょうふきん》は駐停車禁止《ちゅうていしゃきんし》の場所《ばしょ》なので、荷物《にもつ》の積《つ》み下《お》ろしなどのための停車《ていしゃ》はできない。

問《とい》5 ○ 頻出《ひんしゅつ》

警察官等《けいさつかんとう》が両腕《りょううで》を水平《すいへい》に上《あ》げている手信号《てしんごう》と対面《たいめん》した場合《ばあい》は信号《しんごう》の赤《あか》と同《おな》じ意味《いみ》なので、停止《ていし》しなければならない。

問《とい》6 ○

問題《もんだい》の標識《ひょうしき》は「合流交通《ごうりゅうこうつう》あり」を表示《ひょうじ》しているので、左側《ひだりがわ》からの合流《ごうりゅう》車《しゃ》に注意《ちゅうい》する。

問《とい》7 ○

歩行者《ほこうしゃ》や自転車《じてんしゃ》のそばを通《とお》るときに安全《あんぜん》な間隔《かんかく》をあけられない場合《ばあい》には、徐行《じょこう》しなければならない。

問《とい》8 ○

初心運転者期間内《しょしんうんてんしゃきかんない》に違反《いはん》をして一定《いってい》の基準《きじゅん》に達《たっ》した人《ひと》は初心運転者講《しょしんうんてんしゃこう》習《しゅう》を受《う》けなければならない。

問《とい》9 ○ 重要《じゅうよう》

一方通行《いっぽうつうこう》の道路《どうろ》では、左側通行《ひだりがわつうこう》の規定《きてい》は適用《てきよう》されない。

頻出《ひんしゅつ》……試験《しけん》によく出《で》る問題《もんだい》　ひっかけ……ひっかけ問題《もんだい》　重要《じゅうよう》……理解《りかい》しておきたい問題《もんだい》

【問《とい》10】 □□
運転者《うんてんしゃ》が、危険状態《きけんじょうたい》を認《みと》めて急《きゅう》ブレーキをかけても、車《くるま》はすぐには止《と》まらない。

【問《とい》11】 □□
酒《さけ》を飲《の》んでいるのを知《し》っていながら、その人《ひと》に原動機付自転車《げんどうきつきじてんしゃ》を貸《か》した場合《ばあい》は、貸《か》した人《ひと》にも罰則《ばっそく》が適用《てきよう》される。

【問《とい》12】 □□
図《ず》2の標示《ひょうじ》の中央線《ちゅうおうせん》は、道路《どうろ》の右側《みぎがわ》にはみ出《だ》しての追越《おいこ》しは禁止《きんし》されていない。

図《ず》2

【問《とい》13】 □□
夜間《やかん》、運転中《うんてんちゅう》は先《さき》のほうが見《み》えないので、視《し》線《せん》はできるだけ車《くるま》の直前《ちょくぜん》に向《む》けるようにする。

【問《とい》14】 □□
駐車違反《ちゅうしゃいはん》で放置車両確認標章《ほうちしゃりょうかくにんひょうしょう》を取《と》り付《つ》けられたときは、運転者《うんてんしゃ》はその車《くるま》を運転《うんてん》するときでも放置車両確認標章《ほうちしゃりょうかくにんひょうしょう》を取《と》り外《はず》してはならない。

【問《とい》15】 □□
原付免許《げんつきめんきょ》を停止《ていし》されている者《もの》は、その期間中《きかんちゅう》は原動機付自転車《げんどうきつきじてんしゃ》を運転《うんてん》してはならない。

【問《とい》16】 □□
交通整理《こうつうせいり》の行《おこな》われていない道幅《みちはば》の同《おな》じような道路《どうろ》の交差点《こうさてん》（優先《ゆうせん》道路《どうろ》を除《のぞ》く）では、路面電車《ろめんでんしゃ》の進行《しんこう》を妨《さまた》げてはならない（環状交《かんじょうこう》差点《さてん》を除《のぞ》く）。

【問《とい》17】 □□
原動機付自転車《げんどうきつきじてんしゃ》は、歩行者《ほこうしゃ》が通行《つうこう》していないときは、路側帯《ろそくたい》の中《なか》を通行《つうこう》することができる。

【問《とい》18】 □□
図《ず》3の標識《ひょうしき》のある道路《どうろ》は、原動機付自転車《げんどうきつきじてんしゃ》は通行《つうこう》できない。

図《ず》3

【問《とい》19】 □□
道路《どうろ》の左側部分《ひだりがわぶぶん》の幅《はば》が6メートル以上《いじょう》あっても、追越《おいこ》し禁止《きんし》の場所《ばしょ》でなければ、中央《ちゅうおう》から右側部分《みぎがわぶぶん》にはみ出《だ》して追越《おいこ》しをすることができる。

問《とい》10 ○ 重要《じゅうよう》

車《くるま》は危険《きけん》を感《かん》じてからブレーキをかけ、ブレーキがきき始《はじ》めてから停《てい》止《し》するまでの距離《きょり》が必要《ひつよう》である。

問《とい》11 ○

飲酒運転《いんしゅうんてん》をするおそれがある人《ひと》に車《くるま》を貸《か》した場合《ばあい》は、貸《か》した人《ひと》にも罰《ばっ》則《そく》が適用《てきよう》される。

問《とい》12 ○ 頻出《ひんしゅつ》

問題《もんだい》の標示《ひょうじ》の中央線《ちゅうおうせん》は、道路《どうろ》の右側《みぎがわ》にはみ出《だ》しての通行《つうこう》は禁止《きんし》されていない。

問《とい》13 × ひっかけ

夜間《やかん》は、少《すこ》しでも早《はや》く歩行者《ほこうしゃ》や障害物《しょうがいぶつ》を発見《はっけん》できるようにするため、できるだけ先《さき》のほうを見《み》て運転《うんてん》するようにする。

問《とい》14 ×

運転者《うんてんしゃ》はその車《くるま》を運転《うんてん》するときは放置車両確認標章《ほうちしゃりょうかくにんひょうしょう》を取《と》り外《はず》すことができる。

問《とい》15 ○

免許停止処分中《めんきょていししょぶんちゅう》に運転《うんてん》すると無免許運転《むめんきょうんてん》になる。

問《とい》16 ○ 頻出《ひんしゅつ》

道幅《みちはば》が同《おな》じような道路《どうろ》の交差点《こうさてん》では、路面電車《ろめんでんしゃ》や左方《さほう》からくる車《くるま》があるときは、その路面電車《ろめんでんしゃ》や車《くるま》の進行《しんこう》を妨《さまた》げてはならない。

問《とい》17 × ひっかけ

自動車《じどうしゃ》や原動機付自転車《げんどうきつきじてんしゃ》は路側帯《ろそくたい》の中《なか》を通行《つうこう》することができないが、横切《よこぎ》ることはできる。

問《とい》18 ○

問題《もんだい》の標識《ひょうしき》は「二輪《にりん》の自動車《じどうしゃ》・原動機付自転車通行止《げんどうきつきじてんしゃつうこうど》め」を表示《ひょうじ》している。

問《とい》19 × ひっかけ

道路《どうろ》の中央《ちゅうおう》から右側部分《みぎがわぶぶん》にはみ出《だ》して追越《おいこ》しができるのは、左側部分《ひだりがわぶぶん》の幅《はば》が6メートル未満《みまん》の道路《どうろ》の場合《ばあい》である。

【問《とい》20】 マフラーが破損《はそん》して、大《おお》きな排気音《はいきおん》を出《だ》すような車《くるま》は、運転《うんてん》してはならない。

【問《とい》21】 二輪車《にりんしゃ》の点検《てんけん》で、ブレーキレバーの遊《あそ》びが約《やく》20～30ミリメートルであれば良好《りょうこう》である。

【問《とい》22】 二輪車《にりんしゃ》で乾燥《かんそう》した路面《ろめん》でブレーキをかけるときは、後輪《こうりん》ブレーキをやや強《つよ》めにかける。

【問《とい》23】 タイヤの溝《みぞ》がすり減《へ》っていると、雨《あめ》の日《ひ》にスリップしやすく、停《てい》止距離《しきょり》も長《なが》くなる。

図《ず》4

【問《とい》24】 図《ず》4の標識《ひょうしき》のあるところは二輪車《にりんしゃ》のエンジンを止《と》めて降《お》り、押《お》して歩《ある》けば通行《つうこう》できる。

【問《とい》25】 トンネルの中《なか》は、車両通行帯《しゃりょうつうこうたい》があるところに限《かぎ》り、追越《おいこ》しが禁止《きんし》されている。

【問《とい》26】 大地震《だいじしん》の警戒宣言《けいかいせんげん》が発令《はつれい》されたときは、少《すこ》しでも早《はや》く安全《あんぜん》な地域《ちいき》へ避難《ひなん》するため、行《い》けるところまで車《くるま》を使用《しよう》したほうがよい。

【問《とい》27】 速度超過《そくどちょうか》や積載超過《せきさいちょうか》をしても、交通公害《こうつうこうがい》（走行騒音《そうこうそうおん》、振動《しんどう》、排気《はいき》音《おん》など）には直接関係《ちょくせつかんけい》はない。

【問《とい》28】 人身事故《じんしんじこ》を起《お》こしたときは、ただちに停止《ていし》して事故《じこ》の続発《ぞくはつ》を防《ふせ》ぐとともに他《ほか》の交通《こうつう》の妨《さまた》げにならないように措置《そち》して負傷者《ふしょうしゃ》を保護《ほご》してから、警察官《けいさつかん》に届《とど》け出《で》る。

【問《とい》29】 夜間《やかん》は、歩行者《ほこうしゃ》も交通量《こうつうりょう》も少《すく》ないので、昼間《ひるま》よりも20％程度速《ていどそく》度《ど》を上《あ》げて走行《そうこう》しても安全《あんぜん》である。

図《ず》5

【問《とい》30】 図《ず》5の標識《ひょうしき》のある交差点《こうさてん》では左斜《ひだりなな》めの道路《どうろ》へ左折《させつ》することは禁止《きんし》されている。

問	解答		解説
問《とい》20	○		騒音《そうおん》を発《はっ》する車《くるま》を運転《うんてん》することはできない。
問《とい》21	○		ブレーキレバー、ブレーキペダル、チェーンの遊《あそ》びは約《やく》20～30ミリメートルが適正《てきせい》である。
問《とい》22	×	ひっかけ	二輪車《にりんしゃ》で乾燥《かんそう》した路面《ろめん》でブレーキをかけるときは、前輪《ぜんりん》ブレーキをやや強《つよ》めにかける。
問《とい》23	○	頻出《ひんしゅつ》	路面《ろめん》が雨《あめ》にぬれ、タイヤの溝《みぞ》がすり減《へ》っている場合《ばあい》の停止距離《ていしきょり》は、乾燥《かんそう》した路面《ろめん》でタイヤの状況《じょうきょう》が良《よ》い場合《ばあい》に比《くら》べて、2倍程度《ばいていど》に延《の》びることがある。
問《とい》24	○	重要《じゅうよう》	問題《もんだい》の標識《ひょうしき》は「歩行者専用《ほこうしゃせんよう》」を表示《ひょうじ》しているので、二輪車《にりんしゃ》のエンジンを止《と》め、押《お》して歩《ある》けば歩行者《ほこうしゃ》として通行《つうこう》することができる。
問《とい》25	×	頻出《ひんしゅつ》	追越《おいこ》しが禁止《きんし》されているのは、車両通行帯《しゃりょうつうこうたい》のあるトンネルではなく、車両通行帯《しゃりょうつうこうたい》のないトンネルである。
問《とい》26	×		大地震《だいじしん》の警戒宣言《けいかいせんげん》が発令《はつれい》されたときや大地震《だいじしん》が発生《はっせい》したときなどは、車《くるま》で避難《ひなん》してはいけない。
問《とい》27	×		速度超過《そくどちょうか》や積載超過《せきさいちょうか》は、走行騒音《そうこうそうおん》や振動《しんどう》、大《おお》きな排気音《はいきおん》、多量《たりょう》の排《はい》ガスなどを発生《はっせい》させ、交通公害《こうつうこうがい》の原因《げんいん》になる。
問《とい》28	○	頻出《ひんしゅつ》	事故《じこ》の続発防止《ぞくはつぼうし》や負傷者《ふしょうしゃ》の救護《きゅうご》を行《おこな》った後《あと》、警察官《けいさつかん》に事故《じこ》を届《とど》け出《で》る。
問《とい》29	×	ひっかけ	夜間《やかん》は見《み》えにくいので、昼間《ひるま》よりも少《すこ》し速度《そくど》を落《お》として走《はし》らないと危険《きけん》である。
問《とい》30	○		問題《もんだい》の標識《ひょうしき》は「指定方向外進行禁止《していほうこうがいしんこうきんし》（左斜《ひだりなな》めの道路《どうろ》へ左折禁止《させつきんし》）」を表示《ひょうじ》している。

【問《とい》31】 □□
故障車《こしょうしゃ》をロープでけん引《いん》するときは、けん引車《いんしゃ》と故障車《こしょうしゃ》の運転者《うんてんしゃ》は、その車《くるま》を運転《うんてん》できる免許《めんきょ》を持《も》っている者《もの》でなければならない。

【問《とい》32】 □□
交差点《こうさてん》の手前《てまえ》で、信号機《しんごうき》が青色《あおいろ》から黄色《きいろ》に変《か》わったときは、加速《かそく》して一気《いっき》に通過《つうか》したほうがよい。

【問《とい》33】 □□
大気汚染《たいきおせん》のため、光化学《こうかがく》スモッグが発生《はっせい》するおそれがあるときは、車《くるま》の運転《うんてん》を控《ひか》えるようにする。

【問《とい》34】 □□
ブレーキを数回《すうかい》に分《わ》けてかけると、ブレーキ灯《とう》が点滅《てんめつ》するので、追突事故《ついとつじこ》の防止《ぼうし》に役立《やくだ》つ。

【問《とい》35】 □□
原動機付自転車《げんどうきつきじてんしゃ》で歩道《ほどう》を横切《よこぎ》る場合《ばあい》、歩道《ほどう》を通行《つうこう》する歩行者《ほこうしゃ》がいないときは、徐行《じょこう》することができる。

【問《とい》36】 □□
前方《ぜんぽう》の信号《しんごう》が赤《あか》になったので、図《ず》6の標示《ひょうじ》のある部分《ぶぶん》で停止《ていし》した。

図《ず》6

【問《とい》37】 □□
原付免許《げんつきめんきょ》を受《う》けた者《もの》が、総排気量《そうはいきりょう》80ccの二《に》輪車《りんしゃ》を運転《うんてん》した。

【問《とい》38】 □□
一方通行《いっぽうつうこう》の道路《どうろ》の交差点《こうさてん》の付近以外《ふきんいがい》を通行中《つうこうちゅう》、後方《こうほう》から緊急自動《きんきゅうじどう》車《しゃ》が接近《せっきん》してきたので、左側《ひだりがわ》に寄《よ》って進路《しんろ》をゆずった。

【問《とい》39】 □□
人《ひと》を降《お》ろすために停止《ていし》している車《くるま》の横《よこ》を通過《つうか》して、その前方《ぜんぽう》に入《はい》って停止《ていし》しても、割《わ》り込《こ》みにはならない。

【問《とい》40】 □□
幅《はば》が1メートル以上《いじょう》の白《しろ》の実線《じっせん》1本《ぽん》の路側帯《ろそくたい》のある道路《どうろ》で、駐停《ちゅうてい》車《しゃ》するときは、車道《しゃどう》の左端《ひだりはし》に沿《そ》って停止《ていし》しなければならない。

【問《とい》41】 □□
二輪車《にりんしゃ》の動《うご》きは、四輪車《よんりんしゃ》からは見《み》えない場合《ばあい》があるので、二輪車《にりんしゃ》の運転者《うんてんしゃ》は、周《まわ》りの交通《こうつう》の動《うご》きについて一層《いっそう》の注意《ちゅうい》が必要《ひつよう》である。

問《とい》31 ○

けん引《いん》される故障車《こしょうしゃ》も、その車《くるま》を運転《うんてん》できる免許《めんきょ》が必要《ひつよう》である。

問《とい》32 × 重要《じゅうよう》

停止位置《ていしいち》の手前《てまえ》で安全《あんぜん》に停止《ていし》できる距離《きょり》があるのに加速《かそく》して通過《つうか》すると、信号無視《しんごうむし》になる。

問《とい》33 ○

大気汚染《たいきおせん》により、光化学《こうかがく》スモッグが発生《はっせい》したときや発生《はっせい》するおそれがあるときは、車《くるま》の使用《しよう》を控《ひか》えるようにする。

問《とい》34 ○ 重要《じゅうよう》

ブレーキを数回《すうかい》に分《わ》けて使《つか》うと、ブレーキ灯《とう》が点滅《てんめつ》し、後続車《こうぞくしゃ》への合《あい》図《ず》となって追突事故防止《ついとつじこぼうし》に役立《やくだ》つ。

問《とい》35 × 頻出《ひんしゅつ》

歩道《ほどう》を通行《つうこう》する歩行者《ほこうしゃ》がいるいないに関係《かんけい》なく、歩道《ほどう》の直前《ちょくぜん》で必《かなら》ず一《いち》時停止《じていし》しなければならない。

問《とい》36 ×

問題《もんだい》の標示《ひょうじ》は「停止禁止部分《ていしきんしぶぶん》」を表示《ひょうじ》しているので、この部分《ぶぶん》を避《さ》けて停止《ていし》する。

問《とい》37 × ひっかけ

総排気量《そうはいきりょう》が50ccを超《こ》え400cc以下《いか》の二輪車《にりんしゃ》は普通自動二輪車《ふつうじどうにりんしゃ》になるので、普通《ふつう》か大型《おおがた》の二輪免許《にりんめんきょ》でないと運転《うんてん》できない。

問《とい》38 ○ 重要《じゅうよう》

道路《どうろ》の左側《ひだりがわ》に寄《よ》って進路《しんろ》をゆずらなければならないが、一方通行《いっぽうつうこう》の道《どう》路《ろ》で左側《ひだりがわ》に寄《よ》ると、かえって緊急自動車《きんきゅうじどうしゃ》の妨《さまた》げとなるようなときは、右側《みぎがわ》に寄《よ》る。

問《とい》39 ○ ひっかけ

交差点《こうさてん》や踏切《ふみきり》などで停止《ていし》や徐行《じょこう》をしている車《くるま》の前《まえ》に割《わ》り込《こ》んだり、その前《まえ》を横切《よこぎ》ってはならないが、人《ひと》の乗《の》り降《お》りで停止《ていし》している車《くるま》の前方《ぜんぽう》に入《はい》るのは、割《わ》り込《こ》みにはならない。

問《とい》40 × 頻出《ひんしゅつ》

白《しろ》の実線《じっせん》1本《ぽん》の路側帯《ろそくたい》で、その幅《はば》が0.75メートルを超《こ》える場合《ばあい》には、路側帯《ろそくたい》に入《はい》り0.75メートルの余地《よち》を残《のこ》し駐停車《ちゅうていしゃ》することができる。

問《とい》41 ○

二輪車《にりんしゃ》を運転《うんてん》するときは、四輪車《よんりんしゃ》の死角《しかく》に入《はい》らないようにし、四輪運《よんりんうん》転者《てんしゃ》が気《き》づきやすい位置《いち》を走行《そうこう》する。

【問《とい》42】 □□

図《ず》7の標識《ひょうしき》のある軌道敷《きどうしき》では原動機付自転車《げんどうきつきじてんしゃ》も軌道敷内《きどうしきない》を通行《つうこう》できる。

図《ず》7

【問《とい》43】 □□

安全地帯《あんぜんちたい》のない停留所《ていりゅうじょ》に路面電車《ろめんでんしゃ》が停止《ていし》して乗客《じょうきゃく》が乗《の》り降《お》りしていても、電車《でんしゃ》との間《あいだ》に1.5メートル以上《いじょう》の間隔《かんかく》を保《たも》つことができるときは徐行《じょこう》して進《すす》むことができる。

【問《とい》44】 □□

夜間《やかん》、停止表示器材《ていしひょうじきざい》を置《お》いて駐停車《ちゅうていしゃ》するときでも、尾灯《びとう》を必《かなら》ずつけなければならない。

【問《とい》45】 □□

交通混雑《こうつうこんざつ》のため、長《なが》い距離《きょり》にわたって停滞《ていたい》しているときは、自転《じてん》車横断帯《しゃおうだんたい》の上《うえ》に停止《ていし》してもやむを得《え》ない。

【問《とい》46】 □□

前方《ぜんぽう》が混雑《こんざつ》していて、そのまま進行《しんこう》すると踏切内《ふみきりない》で停止《ていし》しなければならないようなときは、踏切《ふみきり》に入《はい》ってはならない。

問《とい》42 × 重要《じゅうよう》

問題《もんだい》の標識《ひょうしき》は「軌道敷内通行可《きどうしきないつうこうか》」を表示《ひょうじ》しているが、通行《つうこう》できるのは自動車《じどうしゃ》で原動機付自転車《げんどうきつきじてんしゃ》は通行《つうこう》できない。

問《とい》43 × 頻出《ひんしゅつ》

安全地帯《あんぜんちたい》がないときは、乗降客《じょうこうきゃく》がいなくなるまで路面電車《ろめんでんしゃ》の後方《こうほう》で停止《ていし》して待《ま》たなければならない。

問《とい》44 × ひっかけ

停止表示器材《ていしひょうじきざい》を置《お》いて駐停車《ちゅうていしゃ》するときは、尾灯《びとう》などの灯火《とうか》はつける必要《ひつよう》はない。

問《とい》45 ×

自転車横断帯《じてんしゃおうだんたい》の上《うえ》で停止《ていし》しなければならないような状況《じょうきょう》のときは手前《てまえ》で停止《ていし》し、進入《しんにゅう》してはいけない。

問《とい》46 ○ 頻出《ひんしゅつ》

踏切《ふみきり》の向《む》こう側《がわ》が混雑《こんざつ》しているときは、そのまま進《すす》むと動《うご》きがとれなくなるおそれがあるので、踏切内《ふみきりない》に入《はい》ってはならない。

第《だい》5回実力養成《かいじつりょくようせい》テスト 攻略《こうりゃく》ポイントはココ！

運転免許《うんてんめんきょ》の種類《しゅるい》と運転《うんてん》できる車《くるま》の種類《しゅるい》を覚《おぼ》えよう

問《とい》8、15、31、37は、「運転免許《うんてんめんきょ》」に関《かん》する問題《もんだい》。「免許《めんきょ》の種類《しゅるい》」、「運転《うんてん》できる車《くるま》の種類《しゅるい》」などが出題《しゅつだい》されている。第《だい》1種免許《しゅめんきょ》の種類《しゅるい》として、大型免許《おおがためんきょ》・中型免許《ちゅうがためんきょ》・準中型免許《じゅんちゅうがためんきょ》・普通免許《ふつうめんきょ》・大型特殊免許《おおがたとくしゅめんきょ》・大型二輪免許《おおがたにりんめんきょ》・普通二輪免許《ふつうにりんめんきょ》・原付免許《げんつきめんきょ》・小型特殊免許《こがたとくしゅめんきょ》で運転《うんてん》できる種類《しゅるい》はしっかりと覚《おぼ》えておこう。

夜間《やかん》の運転《うんてん》では速度感《そくどかん》がにぶるので速度《そくど》を落《お》とすことが大切《たいせつ》

問《とい》13、44は、「夜間《やかん》の走行《そうこう》」に関《かん》する問題《もんだい》。夜間《やかん》の運転時《うんてんじ》の視線《しせん》の位置《いち》、前《まえ》の車《くるま》に続《つづ》いて走行《そうこう》するときの注意《ちゅうい》、二輪車《にりんしゃ》での夜間《やかん》の走行方法《そうこうほうほう》をしっかり覚《おぼ》えておこう。特《とく》に夜間《やかん》では原動機付自転車《げんどうきつきじてんしゃ》は四輪車《よんりんしゃ》から見《み》えないことがあるので、まわりの交通《こうつう》の動《うご》きについていっそうの注意《ちゅうい》が必要《ひつよう》であることを理解《りかい》しておきたい。

【問《とい》47】 25km/hで交差点《こうさてん》に差《さ》しかかったとき、信号《しんごう》が青《あお》から黄色《きいろ》に変《か》わりました。このとき、どのようなことに注意《ちゅうい》して運転《うんてん》しますか？

（1）□□ (1) 停止位置《ていしいち》に近《ちか》づいていて安全《あんぜん》に停止《ていし》できないと思《おも》われるので、ほかの交通《こうつう》に注意《ちゅうい》して交差点《こうさてん》を通過《つうか》する。

（2）□□ (2) 信号《しんごう》が黄色《きいろ》に変《か》わったのだから停止《ていし》するのが当然《とうぜん》なので、急《きゅう》ブレーキをかけ停止位置《ていしいち》を越《こ》えても停止《ていし》する。

（3）□□ (3) 信号《しんごう》が変《か》わった直後《ちょくご》なので、加速《かそく》してそのまま交差点《こうさてん》を通過《つうか》する。

【問《とい》48】 20km/hで進行《しんこう》しています。狭《せま》い道路《どうろ》なので行《い》き違《ちが》いをするときには、どのようなことに注意《ちゅうい》して運転《うんてん》しますか？

（1）□□ (1) 対向車《たいこうしゃ》が避けて停止《ていし》してくれると思《おも》われるので、加速《かそく》して急《いそ》いで通過《つうか》する。

（2）□□ (2) 対向車《たいこうしゃ》の後《うし》ろの自転車《じてんしゃ》は対向車《たいこうしゃ》に合《あ》わせて待《ま》ってくれると思《おも》われるので、対向車《たいこうしゃ》との間《あいだ》に安全《あんぜん》な間隔《かんかく》を保《たも》って通過《つうか》する。

（3）□□ (3) 停止《ていし》した対向車《たいこうしゃ》の横《よこ》を自転車《じてんしゃ》が進行《しんこう》してきて、行《い》き違《ちが》うおそれがあるので、自転車《じてんしゃ》の動《うご》きに注意《ちゅうい》して徐行《じょこう》する。

問《とい》47

(1) ○

(2) ×

(3) ×

●信号《しんごう》が黄色《きいろ》になったので停止《ていし》するのが原則《げんそく》だが、安全《あんぜん》に停止位置《ていしいち》で停止《ていし》できないときは、他《ほか》の車《くるま》に注意《ちゅうい》して交差点《こうさてん》を通過《つうか》する。

●黄色《きいろ》の信号《しんごう》に変《か》わったとき、停止《ていし》するか通過《つうか》するかの判断《はんだん》は、どの位置《いち》に自分《じぶん》の車《くるま》があれば停止位置《ていしいち》に安全《あんぜん》に停止《ていし》できるか、後《うし》ろの車《くるま》との車間距離《しゃかんきょり》が安全《あんぜん》か、自分《じぶん》の車《くるま》の速度《そくど》などを考《かんが》え合《あ》わせたうえで行《おこな》う。

すでに停止位置《ていしいち》が目前《もくぜん》にあり、安全《あんぜん》に停止《ていし》できないので、後続車《こうぞくしゃ》との車間距離《しゃかんきょり》を考《かんが》え、ほかの交通《こうつう》にも注意《ちゅうい》して交差点《こうさてん》を通過《つうか》する。

問《とい》48

(1) ×

(2) ×

(3) ○

●車《くるま》を運転《うんてん》しているときには、歩行者《ほこうしゃ》を含《ふく》めて自分《じぶん》に都合《つごう》のよい判断《はんだん》をして「待《ま》ってくれるだろう」とか「止《と》まってくれるだろう」と考《かんが》えてはいけない。

●自転車《じてんしゃ》が進行《しんこう》してくることも十分考《じゅうぶんかんが》えられるので、危険《きけん》を予測《よそく》して、安全《あんぜん》な間隔《かんかく》をとるか、徐行《じょこう》しなければならない。

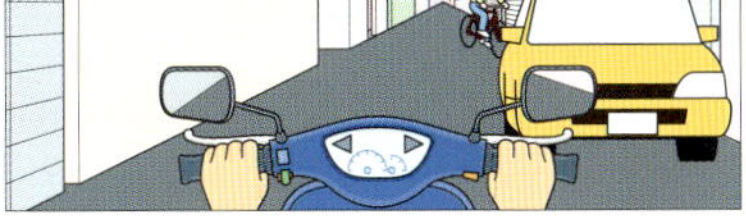

停止《ていし》した対向車《たいこうしゃ》の横《よこ》を自転車《じてんしゃ》が進行《しんこう》してきて行《い》き違《ちが》うおそれがあるので、安全《あんぜん》な間隔《かんかく》をとるか、徐行《じょこう》する。

第《だい》6回《かい》 実力養成《じつりょくようせい》テスト

■制限時間《せいげんじかん》／30分《ぷん》
■合格《ごうかく》ライン／45点《てん》
・問《とい》1～問《とい》46は、各《かく》1点《てん》
・問《とい》47～問《とい》48は、各《かく》2点《てん》

●次《つぎ》の問題《もんだい》で正《ただ》しいと思《おも》うものは「○」、誤《あやま》っていると思《おも》うものは「×」と答《こた》えなさい。

【問《とい》1】 信号機《しんごうき》が赤色《あかいろ》の灯火《とうか》の信号《しんごう》でも、青色《あおいろ》の灯火《とうか》の矢印《やじるし》が左向《ひだりむ》きに表《ひょう》示《じ》されているときは、すべての車《くるま》が左折《させつ》することができる。

【問《とい》2】 バスの運行時間後《うんこうじかんご》、バスの停留所《ていりゅうじょ》から10メートル以内《いない》に車《くるま》を止《と》めて、買《か》い物《もの》に行《い》った。

【問《とい》3】 一方通行《いっぽうつうこう》となっている道路《どうろ》で右折《うせつ》するときは、あらかじめ手前《てまえ》から道路《どうろ》の中央《ちゅうおう》に寄《よ》り、交差点《こうさてん》の中心《ちゅうしん》の内側《うちがわ》を徐行《じょこう》しなければならない（環状交差点《かんじょうこうさてん》を除《のぞ》く）。

【問《とい》4】 エンジンブレーキは低速《ていそく》ギアになるほど制動力《せいどうりょく》は大《おお》きくなる。

【問《とい》5】 原動機付自転車《げんどうきつきじてんしゃ》で故障《こしょう》した原動機付自転車《げんどうきつきじてんしゃ》をロープでけん引《いん》するときは、ロープの真《ま》ん中《なか》に赤《あか》い布《ぬの》をつけなければならない。

【問《とい》6】 図《ず》1の標識《ひょうしき》のある道路《どうろ》では車線《しゃせん》が少《すく》なくなるので、右側《みぎがわ》の車線《しゃせん》を通行《つうこう》しなければならない。

図《ず》1

【問《とい》7】 原付《げんつき》の運転免許証《うんてんめんきょしょう》を紛失《ふんしつ》して、再交付《さいこうふ》を受《う》ける前《まえ》に原動機付自転《げんどうきつきじてん》車《しゃ》を運転《うんてん》すると、無免許運転《むめんきょうんてん》になる。

【問《とい》8】 トンネルに入《はい》ると明《あか》るさが急《きゅう》に変《か》わり、視力《しりょく》が急激《きゅうげき》に低下《ていか》するので、入《はい》る前《まえ》に速度《そくど》を落《お》とすようにする。

【問《とい》9】 車《くるま》を運転中《うんてんちゅう》、後方《こうほう》から緊急自動車《きんきゅうじどうしゃ》が接近《せっきん》してきたが、交差点付近《こうさてんふきん》ではなかったので、徐行《じょこう》してそのまま進行《しんこう》を続《つづ》けた。

解答《かいとう》と解説《かいせつ》

自己採点《じこさいてん》	
1回目《かいめ》	2回目《かいめ》

問《とい》1 ○		青色《あおいろ》の灯火《とうか》の矢印《やじるし》が左向《ひだりむ》きに表示《ひょうじ》されているときには、車《くるま》は左折《させつ》することができる。
問《とい》2 ○	頻出《ひんしゅつ》	バス、路面電車《ろめんでんしゃ》の停留所《ていりゅうじょ》の標示板《ひょうじばん》（標示柱《ひょうじばしら》）から10メートル以内《いない》の場所《ばしょ》は、運行時間中《うんこうじかんちゅう》に限《かぎ》り駐停車禁止《ちゅうていしゃきんし》である。
問《とい》3 ×	ひっかけ	一方通行《いっぽうつうこう》の道路《どうろ》で右折《うせつ》するときは、道路《どうろ》の右端《みぎはし》に寄《よ》って交差点《こうさてん》の中心《ちゅうしん》の内側《うちがわ》を徐行《じょこう》しなければならない。
問《とい》4 ○		エンジンブレーキは低速《ていそく》ギアになるほど制動力《せいどうりょく》は大《おお》きくなるが、いきなり高速《こうそく》ギアから低速《ていそく》ギアに入《い》れるとエンジンを傷《いた》めたり、転倒《てんとう》したりするおそれがある。
問《とい》5 ×		故障車《こしょうしゃ》をロープでけん引《いん》するときは、ロープの真《ま》ん中《なか》に0.3メートル平方以上《へいほういじょう》の白《しろ》い布《ぬの》をつける。
問《とい》6 ○		問題《もんだい》の標識《ひょうしき》は「車線数減少《しゃせんすうげんしょう》」を表示《ひょうじ》しているので、左側《ひだりがわ》の車線《しゃせん》を通行《つうこう》している車《くるま》は、右側《みぎがわ》の車線《しゃせん》に進路変更《しんろへんこう》する。
問《とい》7 ×	頻出《ひんしゅつ》	免許証《めんきょしょう》を紛失《ふんしつ》しても運転資格《うんてんしかく》はなくならないので、無免許運転《むめんきょうんてん》ではなく、免許証《めんきょしょう》の携帯義務違反《けいたいぎむいはん》になる。
問《とい》8 ○	重要《じゅうよう》	トンネルに入《はい》るときやトンネルから出《で》るときは速度《そくど》を落《お》とすようにする。
問《とい》9 ×	ひっかけ	道路《どうろ》の左側《ひだりがわ》に寄《よ》って進路《しんろ》をゆずる。徐行《じょこう》の義務《ぎむ》はない。

頻出《ひんしゅつ》……試験《しけん》によく出《で》る問題《もんだい》　ひっかけ……ひっかけ問題《もんだい》　重要《じゅうよう》……理解《りかい》しておきたい問題《もんだい》

【問《とい》10】 交通量《こうつうりょう》が少《すく》ないときは、車両通行帯《しゃりょうつうこうたい》が黄色《きいろ》の線《せん》で区画《くかく》されていても、いつでも進路《しんろ》を変《か》えることができる。

【問《とい》11】 横断歩道《おうだんほどう》や自転車横断帯《じてんしゃおうだんたい》とその手前《てまえ》30メートル以内《いない》の場所《ばしょ》では、追越《おいこ》しは禁止《きんし》されているが、追抜《おいぬ》きは禁止《きんし》されていない。

【問《とい》12】 図《ず》2の標識《ひょうしき》のある道路《どうろ》では、原動機付自転車《げんどうきつきじてんしゃ》は2人《ふたり》乗《の》りすることができる。

図《ず》2

【問《とい》13】 消防用機械器具《しょうぼうようきかいきぐ》の置場所《おきばしょ》から5メートル以内《いない》の場所《ばしょ》で荷物《にもつ》の積《つ》み下《お》ろしをする場合《ばあい》、運転者《うんてんしゃ》がすぐに運転《うんてん》できる状態《じょうたい》なら車《くるま》から離《はな》れていても5分《ふん》を超《こ》えて停止《ていし》することができる。

【問《とい》14】 信号機《しんごうき》の信号《しんごう》は横《よこ》の信号《しんごう》が赤色《あかいろ》であっても、前方《ぜんぽう》の信号《しんごう》が青色《あおいろ》であるとは限《かぎ》らない。

【問《とい》15】 原付免許《げんつきめんきょ》では、原動機付自転車《げんどうきつきじてんしゃ》しか運転《うんてん》することができない。

【問《とい》16】 原動機付自転車《げんどうきつきじてんしゃ》は、車両通行帯《しゃりょうつうこうたい》のない道路《どうろ》では、道路《どうろ》の中央寄《ちゅうおうよ》りを通行《つうこう》しなければならない。

【問《とい》17】 無段変速装置《むだんへんそくそうち》のあるオートマチック二輪車《にりんしゃ》は、エンジンの回転数《かいてんすう》が低《ひく》いときには、車輪《しゃりん》にエンジンの力《ちから》が伝《つた》わりやすくなる。

【問《とい》18】 図《ず》3の標示《ひょうじ》のあるところに歩行者《ほこうしゃ》がいる場合《ばあい》は、原動機付自転車《げんどうきつきじてんしゃ》は徐行《じょこう》して通行《つうこう》しなければならない。

図《ず》3

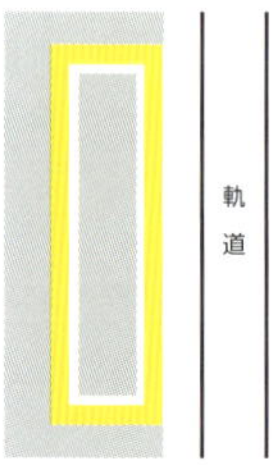

【問《とい》19】 深《ふか》い水《みず》たまりを通《とお》ると、ブレーキドラムに水《みず》が入《はい》りブレーキがきかなくなることがある。

問《とい》10　×　ひっかけ

黄色《きいろ》の線《せん》の車両通行帯《しゃりょうつうこうたい》は、緊急自動車《きんきゅうじどうしゃ》に進路《しんろ》をゆずるときや道路工事《どうろこうじ》を避《さ》けるときなどのほかは、進路《しんろ》を変更《へんこう》できない。

問《とい》11　×

横断歩道《おうだんほどう》や自転車横断帯《じてんしゃおうだんたい》とその手前《てまえ》30メートル以内《いない》の場所《ばしょ》は追越《おいこ》しも追抜《おいぬ》きもともに禁止《きんし》されている。

問《とい》12　×　ひっかけ

問題《もんだい》の標識《ひょうしき》は「大型自動二輪車《おおがたじどうにりんしゃ》および普通自動二輪車二人乗《ふつうじどうにりんしゃふたりの》り通行禁止《つうこうきんし》」を表示《ひょうじ》している。原動機付自転車《げんどうきつきじてんしゃ》の乗車定員《じょうしゃていいん》はつねに1人《ひとり》である。

問《とい》13　×　頻出《ひんしゅつ》

すぐに運転《うんてん》できる状態《じょうたい》でも荷物《にもつ》の積《つ》み下《お》ろしで5分《ふん》を超《こ》えると駐車《ちゅうしゃ》になるから、駐車禁止場所《ちゅうしゃきんしばしょ》では5分以内《ふんいない》に終《お》わらせなければならない。

問《とい》14　○　ひっかけ

信号機《しんごうき》の信号《しんごう》は前方《ぜんぽう》の信号《しんごう》を見《み》る。横《よこ》の信号《しんごう》が赤《あか》であっても、前方《ぜんぽう》の信号《しんごう》が青《あお》であるとは限《かぎ》らない。

問《とい》15　○

原付免許《げんつきめんきょ》では、原動機付自転車《げんどうきつきじてんしゃ》のみ運転《うんてん》することができる。

問《とい》16　×　頻出《ひんしゅつ》

車両通行帯《しゃりょうつうこうたい》のない道路《どうろ》では、道路《どうろ》の左側《ひだりがわ》に寄《よ》って通行《つうこう》しなければならない。

問《とい》17　×　重要《じゅうよう》

無段変速装置《むだんへんそくそうち》のあるオートマチック二輪車《にりんしゃ》は、エンジンの回転数《かいてんすう》が低《ひく》いときには、車輪《しゃりん》にエンジンの力《ちから》が伝《つた》わりにくい特性《とくせい》がある。

問《とい》18　○

問題《もんだい》の標示《ひょうじ》は「安全地帯《あんぜんちたい》」を表示《ひょうじ》しているので、歩行者《ほこうしゃ》がいる場合《ばあい》は徐行《じょこう》しなければならない。

問《とい》19　○　頻出《ひんしゅつ》

深《ふか》い水《みず》たまりを通《とお》ると、ブレーキドラムに水《みず》が入《はい》るためブレーキがきかなくなったり、ききが悪《わる》くなることがある。

【問《とい》20】□□ 原動機付自転車《げんどうきつきじてんしゃ》が、見通《みとお》しのきく道路《どうろ》の曲《ま》がり角付近《かどふきん》で、徐行《じょこう》している小型特殊自動車《こがたとくしゅじどうしゃ》を追《お》い越《こ》した。

【問《とい》21】□□ 原動機付自転車《げんどうきつきじてんしゃ》が、普通自動車《ふつうじどうしゃ》を追《お》い越《こ》そうとするときは、その左側《ひだりがわ》を通行《つうこう》しなければならない。

【問《とい》22】□□ 万一《まんいち》の場合《ばあい》に備《そな》えて、自動車保険《じどうしゃほけん》に加入《かにゅう》したり、応急救護処置《おうきゅうきゅうごしょち》に必要《ひつよう》な知識《ちしき》を身《み》につけておく。

【問《とい》23】□□ 運転者《うんてんしゃ》が、危険《きけん》を認《みと》めて急《きゅう》ブレーキをかけても、ブレーキがきき始《はじ》めるまでには時間《じかん》がかかるので、速度《そくど》が速《はや》いほど危険《きけん》である。

【問《とい》24】□□ 図《ず》4の標識《ひょうしき》のある通行帯《つうこうたい》を原動機付自転車《げんどうきつきじてんしゃ》は通行《つうこう》することができる。

図《ず》4

【問《とい》25】□□ 徐行《じょこう》とは、車《くるま》などがただちに停止《ていし》することができるような速度《そくど》で進行《しんこう》することをいう。

【問《とい》26】□□ 警察官《けいさつかん》や交通巡視員《こうつうじゅんしいん》の手信号《てしんごう》と信号機《しんごうき》の信号《しんごう》が違《ちが》っているときは、警察官《けいさつかん》の手信号《てしんごう》には従《したが》うが、交通巡視員《こうつうじゅんしいん》の場合《ばあい》は信号機《しんごうき》の信号《しんごう》に従《したが》わなければならない。

【問《とい》27】□□ 車《くるま》は、車両通行帯《しゃりょうつうこうたい》のあるトンネルでは、自動車《じどうしゃ》や原動機付自転車《げんどうきつきじてんしゃ》を追《お》い越《こ》すことができる。

【問《とい》28】□□ 原動機付自転車《げんどうきつきじてんしゃ》には、30キログラムまでの荷物《にもつ》を積《つ》むことができる。

【問《とい》29】□□ 運転免許証《うんてんめんきょしょう》に記載《きさい》されている条件《じょうけん》は、必《かなら》ず守《まも》って運転《うんてん》するようにする。

【問《とい》30】□□ 図《ず》5の標識《ひょうしき》のある交差点《こうさてん》では標識《ひょうしき》の右側《みぎがわ》を通行《つうこう》することは禁止《きんし》されている。

図《ず》5

問《とい》20 × ひっかけ

曲《ま》がり角付近《かどふきん》は、見通《みとお》しがきくきかないに関係《かんけい》なく、追越《おいこ》し禁止《きんし》の場《ば》所《しょ》である。

問《とい》21 × 頻《ひん》出《しゅつ》

普通自動車《ふつうじどうしゃ》が右折《うせつ》するため道路《どうろ》の中央《ちゅうおう》や一方通行路《いっぽうつうこうろ》の右端《みぎはし》に寄《よ》って通《つう》行《こう》しているときを除《のぞ》いて、右側《みぎがわ》を追《お》い越《こ》さなければならない。

問《とい》22 ○

万一《まんいち》の場合《ばあい》に備《そな》えて、自動車保険《じどうしゃほけん》に加入《かにゅう》したり、応急救護処置《おうきゅうきゅうごしょち》（交通《こうつう》事故《じこ》の現場《げんば》においてその負傷者《ふしょうしゃ》を救護《きゅうご》するために必要《ひつよう》な応急措置《おうきゅうそち》）に必要《ひつよう》な知識《ちしき》を身《み》につけておく。

問《とい》23 ○ 重《じゅう》要《よう》

運転者《うんてんしゃ》が危険《きけん》を感《かん》じてからブレーキを踏《ふ》み、ブレーキが実際《じっさい》にきき始《はじ》めるまでの間《あいだ》に走《はし》る空走距離《くうそうきょり》は、速度《そくど》が速《はや》いほど長《なが》くなる。

問《とい》24 ○ ひっかけ

問題《もんだい》の標識《ひょうしき》は「路線《ろせん》バス等優先通行帯《とうゆうせんつうこうたい》」を表示《ひょうじ》しているので、原動機《げんどうき》付自転車《つきじてんしゃ》は通行帯《つうこうたい》の左側《ひだりがわ》を通行《つうこう》できる。

問《とい》25 ○

徐行《じょこう》とは、車《くるま》がすぐに停止《ていし》することができるような速度《そくど》で進行《しんこう》することをいう。

問《とい》26 × 頻《ひん》出《しゅつ》

交通巡視員《こうつうじゅんしいん》の手信号《てしんごう》も警察官《けいさつかん》の手信号《てしんごう》と同《おな》じで、信号機《しんごうき》に優先《ゆうせん》するから、交通巡視員《こうつうじゅんしいん》の手信号《てしんごう》に従《したが》って通行《つうこう》しなければならない。

問《とい》27 ○ ひっかけ

車両通行帯《しゃりょうつうこうたい》のあるトンネルは追越《おいこ》しは禁止《きんし》されていない。

問《とい》28 ○

原動機付自転車《げんどうきつきじてんしゃ》の積載物《せきさいぶつ》の重量制限《じゅうりょうせいげん》は30キログラム以下《いか》である。

問《とい》29 ○

運転免許証《うんてんめんきょしょう》に記載《きさい》されている条件《じょうけん》（眼鏡等使用《がんきょうとうしよう》など）を守《まも》らなければならない。

問《とい》30 ○ 重《じゅう》要《よう》

問題《もんだい》の標識《ひょうしき》は「指定方向外進行禁止《していほうこうがいしんこうきんし》（標識《ひょうしき》の右側《みぎがわ》を通行禁止《つうこうきんし》）」を表《ひょう》示《じ》している。

【問《とい》31】 □□
徐行《じょこう》や停止《ていし》をする場合《ばあい》は、その行為《こうい》をしようとするときに、手《て》でも合図《あいず》をすることができる。

【問《とい》32】 □□
傷病者《しょうびょうしゃ》の救護《きゅうご》のためやむを得《え》ず駐車《ちゅうしゃ》する場合《ばあい》、運転者《うんてんしゃ》が車《くるま》から離《はな》れてもただちに運転《うんてん》できるときは、右側《みぎがわ》の道路上《どうろじょう》に3.5メートル以上《いじょう》の余地《よち》を残《のこ》さなくてもよい。

【問《とい》33】 □□
夜間《やかん》、対向車《たいこうしゃ》のライトがまぶしいときは、視点《してん》をやや左前方《ひだりぜんぽう》に移《うつ》して、目《め》がくらまないようにする。

【問《とい》34】 □□
災害《さいがい》が発生《はっせい》し、災害対策基本法《さいがいたいさくきほんほう》により、道路《どうろ》の区間《くかん》を指定《してい》して交《こう》通《つう》の規制《きせい》が行《おこな》われたときは、規制《きせい》が行《おこな》われている道路《どうろ》の区間以外《くかんいがい》の場所《ばしょ》に車《くるま》を移動《いどう》する。

【問《とい》35】 □□
黄色《きいろ》のつえを持《も》って通行《つうこう》している歩行者《ほこうしゃ》がいたので、警音器《けいおんき》を鳴《な》らして注意《ちゅうい》を促《うなが》し、その通行《つうこう》を止《と》めて通行《つうこう》した。

【問《とい》36】 □□
エンジンブレーキを下《くだ》り坂以外《ざかいがい》の場所《ばしょ》で活用《かつよう》しても、制動距離《せいどうきょり》には関係《かんけい》がない。

【問《とい》37】 □□
図《ず》6の標示《ひょうじ》のある路側帯《ろそくたい》の幅《はば》が1メートルだったので、路側帯《ろそくたい》に入《はい》って0.75メートルの余地《よち》を残《のこ》して停車《ていしゃ》した。

図《ず》6

【問《とい》38】 □□
危険《きけん》を防止《ぼうし》するためやむを得《え》ないときを除《のぞ》き、急《きゅう》ブレーキをかけるような運転《うんてん》をしてはならない。

【問《とい》39】 □□
交通整理《こうつうせいり》をしている警察官《けいさつかん》が灯火《とうか》を横《よこ》に振《ふ》っているとき、その振《ふ》られている灯火《とうか》の方向《ほうこう》へ進行《しんこう》するすべての車《くるま》は、直進《ちょくしん》し、左折《させつ》し、右折《うせつ》することができる。

【問《とい》40】 □□
前方《ぜんぽう》が混雑《こんざつ》していて横断歩道上《おうだんほどうじょう》で停止《ていし》するおそれがあったが、歩行者《ほこうしゃ》が通行《つうこう》していなかったので、そのまま進行《しんこう》した。

問《とい》31 ○ ひっかけ

手《て》により徐行《じょこう》や停止《ていし》の合図《あいず》をするときは、腕《うで》を斜《なな》め下《した》に伸《の》ばす。

問《とい》32 ○ 重《じゅう》要《よう》

車《くるま》を駐車《ちゅうしゃ》した場合《ばあい》、車《くるま》の右側《みぎがわ》の道路上《どうろじょう》に3.5メートル以上《いじょう》の余地《よち》がなくても、荷物《にもつ》の積《つ》み下《お》ろしを行《おこな》う場合《ばあい》で、運転者《うんてんしゃ》がすぐに運転《うんてん》できるときや、傷病者《しょうびょうしゃ》の救護《きゅうご》のためやむを得《え》ないときは、駐車《ちゅうしゃ》できる。

問《とい》33 ○

対向車《たいこうしゃ》のライトがまぶしいときは、視点《してん》をやや左前方《ひだりぜんぽう》に移《うつ》して、目《め》がくらまないようにする。

問《とい》34 ○

災害対策基本法《さいがいたいさくきほんほう》により、一般車両《いっぱんしゃりょう》の通行《つうこう》が禁止《きんし》または制限《せいげん》されたときは、規制《きせい》が行《おこな》われている道路《どうろ》の区間以外《くかんいがい》の場所《ばしょ》に移動《いどう》する。

問《とい》35 × 頻《ひん》出《しゅつ》

白色《しろいろ》や黄色《きいろ》のつえを持《も》った歩行者《ほこうしゃ》は身体障害者《しんたいしょうがいしゃ》であるから、警音器《けいおんき》を鳴《な》らさずに一時停止《いちじていし》か徐行《じょこう》して、その通行《つうこう》を妨《さまた》げてはならない。

問《とい》36 × ひっかけ

速度《そくど》を落《お》とすとき、エンジンブレーキと前後輪《ぜんこうりん》のブレーキを併用《へいよう》すると、制動距離《せいどうきょり》を短《みじか》くすることができる。

問《とい》37 ○ 頻《ひん》出《しゅつ》

問題《もんだい》の標示《ひょうじ》は「路側帯《ろそくたい》」を表示《ひょうじ》しているので、0.75メートル以上《いじょう》の路側帯《ろそくたい》であれば、0.75メートルの余地《よち》を残《のこ》して駐停車《ちゅうていしゃ》することができる。

問《とい》38 ○

急《きゅう》ブレーキをかけると車輪《しゃりん》の回転《かいてん》が止《と》まり、横《よこ》すべりを起《お》こす原因《げんいん》になるため、ブレーキは数回《すうかい》に分《わ》けてかける。

問《とい》39 × ひっかけ

二段階右折《にだんかいうせつ》の交差点《こうさてん》の原動機付自転車《げんどうきつきじてんしゃ》と軽車両《けいしゃりょう》は、直進《ちょくしん》と左折《させつ》はできるが、右折《うせつ》することはできない。

問《とい》40 ×

横断歩道上《おうだんほどうじょう》で停止《ていし》する状況《じょうきょう》のときは、歩行者《ほこうしゃ》が通行《つうこう》していなくても手前《てまえ》で停止《ていし》して待《ま》たなければならない。

【問《とい》41】 □□
原動機付自転車《げんどうきつきじてんしゃ》の荷台《にだい》に荷物《にもつ》を積《つ》むときの高《たか》さの制限《せいげん》は、地上《ちじょう》から2.5メートルまでである。

【問《とい》42】 □□
図《ず》7の標識《ひょうしき》のある場所《ばしょ》では、駐停車《ちゅうていしゃ》が禁止《きんし》されている場所《ばしょ》であっても停車《ていしゃ》することができる。

図《ず》7

【問《とい》43】 □□
こう配《ばい》の急《きゅう》な下《くだ》り坂《ざか》は、追越《おいこ》しは禁止《きんし》されているが、駐車《ちゅうしゃ》や停車《ていしゃ》をすることは禁止《きんし》されていない。

【問《とい》44】 □□
遠心力《えんしんりょく》は、カーブの半径《はんけい》が小《ちい》さいほど、大《おお》きくなる。

【問《とい》45】 □□
踏切《ふみきり》では、低速《ていそく》ギアで発進《はっしん》し、素早《すばや》く加速《かそく》チェンジをして、スロットルグリップをいっぱいに回《まわ》し、一気《いっき》に通過《つうか》する。

【問《とい》46】 □□
原動機付自転車《げんどうきつきじてんしゃ》は任意保険《にんいほけん》に入《はい》っていれば自賠責保険《じばいせきほけん》（共済《きょうさい》）に入《はい》っていなくても運転《うんてん》できる。

問《とい》41 ×　頻《ひん》出《しゅつ》

原動機付自転車《げんどうきつきじてんしゃ》の積載《せきさい》の高《たか》さ制限《せいげん》は、荷台《にだい》の高《たか》さを含《ふく》めて地上《ちじょう》2メートルまでである。

問《とい》42 ○

問題《もんだい》の標識《ひょうしき》は「停車可《ていしゃか》」を表示《ひょうじ》しているので、その場所《ばしょ》では停車《ていしゃ》することができる。

問《とい》43 ×　ひっかけ

こう配《ばい》の急《きゅう》な下《くだ》り坂《ざか》は、駐停車禁止《ちゅうていしゃきんし》のほかに追越《おいこ》し禁止《きんし》、徐行《じょこう》すべき場所《ばしょ》と定《さだ》められている。

問《とい》44 ○

遠心力《えんしんりょく》は、カーブの半径《はんけい》が小《ち》さいほど大《おお》きくなり、速度《そくど》の2乗《じょう》に比例《ひれい》して大《おお》きくなる。

問《とい》45 ×　ひっかけ

踏切内《ふみきりない》では、加速《かそく》チェンジをしないで、発進《はっしん》したときの低速《ていそく》ギアのまま、一気《いっき》に通過《つうか》する。

問《とい》46 ×　頻《ひん》出《しゅつ》

原動機付自転車《げんどうきつきじてんしゃ》や自動車《じどうしゃ》は、自賠責保険《じばいせきほけん》（共済《きょうさい》）に入《はい》っていなければ運転《うんてん》することはできない。

第《だい》6回実力養成《かいじつりょくようせい》テスト　攻略《こうりゃく》ポイントはココ！

停止距離《ていしきょり》、空走距離《くうそうきょり》、制動距離《せいどうきょり》の違《ちが》いを整理《せいり》して覚《おぼ》えておこう

問《とい》23、36は、「停止距離《ていしきょり》」に関《かん》する問題《もんだい》。停止距離《ていしきょり》と車間距離《しゃかんきょり》については試《し》験《けん》によく出《で》る問題《もんだい》なので、「停止距離《ていしきょり》」、「空走距離《くうそうきょり》」、「制動距離《せいどうきょり》」についてしっかり覚《おぼ》えておこう。特《とく》に疲《つか》れているときの空走距離《くうそうきょり》、路面《ろめん》がぬれているときの制《せい》動距離《どうきょり》は混同《こんどう》しがちなので要注意《ようちゅうい》。本番《ほんばん》前《まえ》に整理《せいり》しておきたい。

手信号《てしんごう》や灯火信号《とうかしんごう》は信号機《しんごうき》の信号《しんごう》に優先《ゆうせん》する

問《とい》26は、「警察官等《けいさつかんとう》による手信号《てしんごう》・灯《とう》火信号《かしんごう》」に関《かん》する問題《もんだい》。手信号《てしんごう》の意味《いみ》や灯火信号《とうかしんごう》の意味《いみ》は必《かなら》ず出題《しゅつだい》されるので、「手信号《てしんごう》が表《あらわ》している意味《いみ》」や「灯火信《とうかしん》号《ごう》が表《あらわ》している意味《いみ》」をしっかり覚《おぼ》えておこう。警察官《けいさつかん》や交通巡視員《こうつうじゅんしいん》の手信号等《てしんごうとう》が信号機《しんごうき》の信号《しんごう》よりも優先《ゆうせん》すること、手《て》信号等《しんごうとう》により停止《ていし》する位置《いち》などはよく出《しゅつ》題《だい》されている。

【問《とい》47】 信号《しんごう》が赤《あか》なので交差点《こうさてん》の手前《てまえ》で停止《ていし》していたところ、信号《しんごう》が青《あお》に変《か》わりました。このとき、どのようなことに注意《ちゅうい》して運転《うんてん》しますか？

(1) 信号《しんごう》が青《あお》になったので、安心《あんしん》して発進《はっしん》し直進《ちょくしん》する。

(2) 対向車《たいこうしゃ》が右折《うせつ》の合図《あいず》をしているので、対向車《たいこうしゃ》がそのまま発進《はっしん》してこないか、その動《うご》きに注意《ちゅうい》して発進《はっしん》する。

(3) 信号《しんごう》が変《か》わっても渡《わた》り切《き》っていない歩行者《ほこうしゃ》がいないかなどを確《たし》かめてから発進《はっしん》する。

(1) □□
(2) □□
(3) □□

【問《とい》48】 30km/hで進行《しんこう》しています。どのようなことに注意《ちゅうい》して運転《うんてん》しますか？

(1) 駐車車両《ちゅうしゃしゃりょう》のドアが突然開《とつぜんひら》くことがあるので、ホーンを鳴《な》らして急《いそ》いで駐車車両《ちゅうしゃしゃりょう》の横《よこ》を通過《つうか》する。

(2) 駐車車両《ちゅうしゃしゃりょう》の前《まえ》から人《ひと》が横断《おうだん》することもあるので、状況《じょうきょう》をよく見《み》て、注意《ちゅうい》して進行《しんこう》する。

(3) 駐車車両《ちゅうしゃしゃりょう》がいきなり発進《はっしん》するかもしれないので、十分《じゅうぶん》に間隔《かんかく》をあけて駐車車両《ちゅうしゃしゃりょう》の動《うご》きに注意《ちゅうい》して進行《しんこう》する。

(1) □□
(2) □□
(3) □□

問《とい》47

（1）×

（2）○

（3）○

●信号《しんごう》が赤色《あかいろ》から青色《あおいろ》に変《か》わっても、周《まわ》りの安全《あんぜん》を確認《かくにん》してから発進《はっしん》する。青信号《あおしんごう》で渡《わた》り切《き》れなかった歩行者《ほこうしゃ》がいたり、赤信号《あかしんごう》に変《か》わった直後《ちょくご》に交差《こうさ》する道路《どうろ》を強引《ごういん》に通行《つうこう》しようとする車《くるま》、直進車《ちょくしんしゃ》より先《さき》に右折《うせつ》してくる車《くるま》などがいるかもしれない。青信号《あおしんごう》になったばかりのときほど、特《とく》に注意《ちゅうい》が必要《ひつよう》といえる。

右折《うせつ》する対向車《たいこうしゃ》が発進《はっしん》してこないか、まだ横断歩道《おうだんほどう》を渡《わた》り切《き》っていない歩行者《ほこうしゃ》がいないか、安全《あんぜん》を確《たし》かめてから発進《はっしん》する。

問《とい》48

（1）×

（2）○

（3）○

●車《くるま》を運転《うんてん》するときには、ただ漫然《まんぜん》と惰性的《だせいてき》に通行《つうこう》するのではなく、危険《きけん》に対《たい》しての十分《じゅうぶん》な備《そな》えが必要《ひつよう》である。

●この場合《ばあい》、①駐車車両《ちゅうしゃしゃりょう》の前方《ぜんぽう》から人《ひと》などが出《で》てくる、②駐車車両《ちゅうしゃしゃりょう》のドアが開《ひら》く、③駐車車両《ちゅうしゃしゃりょう》が発進《はっしん》するなどの危険《きけん》が考《かんが》えられるので、速度《そくど》を落《お》とし、安全《あんぜん》な間隔《かんかく》をあけることが必要《ひつよう》である。

駐車車両《ちゅうしゃしゃりょう》のかげから人《ひと》が飛《と》び出《だ》してきたり、駐車車両《ちゅうしゃしゃりょう》のドアが開《ひら》いたり、駐車車両《ちゅうしゃしゃりょう》が発進《はっしん》する危険《きけん》などが考《かんが》えられるので、安全《あんぜん》な間隔《かんかく》をあけ、速度《そくど》を落《お》として進行《しんこう》する。

第《だい》7回《かい》 実力養成《じつりょくようせい》テスト

■制限時間《せいげんじかん》／30分《ぷん》
■合格《ごうかく》ライン／45点《てん》
・問《とい》1～問《とい》46は、各《かく》1点《てん》
・問《とい》47～問《とい》48は、各《かく》2点《てん》

●次《つぎ》の問題《もんだい》で正《ただ》しいと思《おも》うものは「○」、誤《あやま》っていると思《おも》うものは「×」と答《こた》えなさい。

【問《とい》1】 □□
発進《はっしん》する場合《ばあい》は、方向指示器《ほうこうしじき》などで合図《あいず》をし、もう一度《いちど》バックミラーなどで前後左右《ぜんごさゆう》の安全《あんぜん》を確認《かくにん》するとよい。

【問《とい》2】 □□
交通量《こうつうりょう》の多《おお》い市街地《しがいち》を通行《つうこう》するときは、つねに前照灯《ぜんしょうとう》を上向《うわむ》きにして運転《うんてん》しなければならない。

【問《とい》3】 □□
ブレーキは、道路《どうろ》の摩擦係数《まさつけいすう》が小《ちい》さくなればなるほど強《つよ》くかかる。

【問《とい》4】 □□
横断歩道《おうだんほどう》の手前《てまえ》で止《と》まっている車《くるま》があるときは、その車《くるま》のそばを徐行《じょこう》して通過《つうか》しなければならない。

【問《とい》5】 □□
原動機付自転車《げんどうきつきじてんしゃ》は、機動性《きどうせい》に富《と》んでいるので車《くるま》の間《あいだ》をぬって走《はし》ったり、ジグザグ運転《うんてん》をしてもよい。

【問《とい》6】 □□
図《ず》1の標識《ひょうしき》のある場所《ばしょ》は駐車《ちゅうしゃ》は禁止《きんし》されているが、荷物《にもつ》の積卸《つみおろ》しのための停車《ていしゃ》は禁止《きんし》されていない。

図《ず》1

【問《とい》7】 □□
停止位置《ていしいち》とは、停止線《ていしせん》があるところでは、停止線《ていしせん》の直前《ちょくぜん》をいう。

【問《とい》8】 □□
原動機付自転車《げんどうきつきじてんしゃ》に乗車装置《じょうしゃそうち》をつければ、幼児《ようじ》などを同乗《どうじょう》させ運転《うんてん》することができる。

【問《とい》9】 □□
環状交差点内《かんじょうこうさてんない》を通行中《つうこうちゅう》、左方《さほう》から進入《しんにゅう》してくる車《くるま》があった場合《ばあい》は、進路《しんろ》を譲《ゆず》らなければならない。

解答《かいとう》と解説《かいせつ》

自《じ》己《こ》採《さい》点《てん》	
1回目《かいめ》	2回目《かいめ》

問《とい》1 ○ 頻《ひん》出《しゅつ》

方向指示器《ほうこうしじき》などによって発進《はっしん》の合図《あいず》をし、もう一度《いちど》バックミラーなどで前後左右《ぜんごさゆう》の安全《あんぜん》を確《たし》かめてから発進《はっしん》する。

問《とい》2 ×

交通量《こうつうりょう》の多《おお》い市街地《しがいち》を通行《つうこう》するときには、つねに前照灯《ぜんしょうとう》を下向《したむ》きにして運転《うんてん》しなければならない。

問《とい》3 × ひっかけ

ブレーキは、道路《どうろ》の摩擦係数《まさつけいすう》が大《おお》きくなるほど強《つよ》くかけられる。

問《とい》4 × 頻《ひん》出《しゅつ》

横断歩道《おうだんほどう》の手前《てまえ》で止《と》まっている車《くるま》のそばを通《とお》って前方《ぜんぽう》に出《で》る前《まえ》に、一《いち》時停止《じていし》をしなければならない。

問《とい》5 ×

車《くるま》の間《あいだ》をぬって走《はし》ったり、ジグザグ運転《うんてん》をするのは極《きわ》めて危険《きけん》なので、してはならない。

問《とい》6 ×

問題《もんだい》の標識《ひょうしき》は「駐停車禁止《ちゅうていしゃきんし》」を表示《ひょうじ》している。

問《とい》7 ○ 頻《ひん》出《しゅつ》

停止線《ていしせん》があるところでの停止位置《ていしいち》とは、停止線《ていしせん》の直前《ちょくぜん》をいう。

問《とい》8 ×

原動機付自転車《げんどうきつきじてんしゃ》を運転《うんてん》するときは、2人《ふたり》乗《の》りをしてはならない。

問《とい》9 × ひっかけ

環状交差点内《かんじょうこうさてんない》を通行《つうこう》する車《くるま》が優先《ゆうせん》となる。

頻《ひん》出《しゅつ》……試験《しけん》によく出《で》る問題《もんだい》　ひっかけ……ひっかけ問題《もんだい》　重《じゅう》要《よう》……理解《りかい》しておきたい問題《もんだい》

【問《とい》10】 歩行者《ほこうしゃ》のそばを通行《つうこう》する場合《ばあい》は、歩行者《ほこうしゃ》との間《あいだ》に安全《あんぜん》な間隔《かんかく》をとり、必《かなら》ず徐行《じょこう》しなければならない。

【問《とい》11】 図《ず》2の標識《ひょうしき》のある道路《どうろ》は道幅《みちはば》が狭《せま》くなるので注意《ちゅうい》して通行《つうこう》する。

図《ず》2

【問《とい》12】 交差点《こうさてん》を通行中《つうこうちゅう》に緊急自動車《きんきゅうじどうしゃ》が近《ちか》づいてきたときは、ただちに交差点《こうさてん》の隅《すみ》に寄《よ》って一時停止《いちじていし》をしなければならない。

【問《とい》13】 追越《おいこ》し禁止《きんし》の場所《ばしょ》であっても、原動機付自転車《げんどうきつきじてんしゃ》であれば追越《おいこ》しができる。

【問《とい》14】 車《くるま》は路側帯《ろそくたい》の幅《はば》のいかんにかかわらず、路側帯《ろそくたい》の中《なか》に入《はい》って駐車《ちゅうしゃ》してはならない。

【問《とい》15】 原動機付自転車《げんどうきつきじてんしゃ》が一方通行《いっぽうつうこう》の道路《どうろ》から小回《こまわ》り右折《うせつ》するときは、道《どう》路《ろ》の左端《ひだりはし》に寄《よ》り、交差点《こうさてん》の内側《うちがわ》を徐行《じょこう》して通行《つうこう》しなければならない。

【問《とい》16】 運転中《うんてんちゅう》、マフラーが故障《こしょう》して大《おお》きな排気音《はいきおん》を発《はっ》する状態《じょうたい》になったが、運転上危険《うんてんじょうきけん》でないからそのまま運転《うんてん》した。

【問《とい》17】 交通事故《こうつうじこ》を起《お》こしても、相手《あいて》が軽傷《けいしょう》の場合《ばあい》は、警察官《けいさつかん》に届《とど》け出《で》る必要《ひつよう》はない。

【問《とい》18】 図《ず》3の標示《ひょうじ》のあるところに路面電車《ろめんでんしゃ》が停止《ていし》し、歩行者《ほこうしゃ》が横断《おうだん》しているときは、路面電車《ろめんでんしゃ》の後《こう》方《ほう》で停止《ていし》していなければならない。

図《ず》3

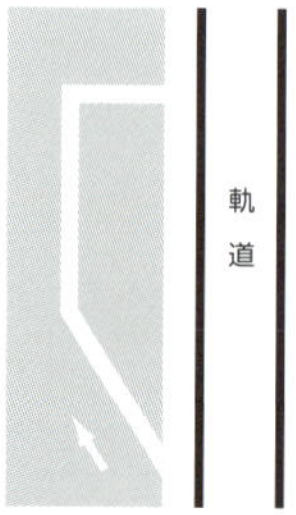

【問《とい》19】 道路《どうろ》を通行《つうこう》するときは、交通規則《こうつうきそく》を守《まも》るほか、道路《どうろ》や交通《こうつう》の状況《じょうきょう》に応《おう》じて、細《こま》かい注意《ちゅうい》をする必要《ひつよう》がある。

問《とい》10 ×　頻出《ひんしゅつ》

安全《あんぜん》な間隔《かんかく》をあけるか、徐行《じょこう》するかのどちらかを行《おこな》えばよい。

問《とい》11 ○

問題《もんだい》の標識《ひょうしき》は「幅員減少《ふくいんげんしょう》」を表示《ひょうじ》している。

問《とい》12 ×　重要《じゅうよう》

交差点《こうさてん》の付近《ふきん》で緊急自動車《きんきゅうじどうしゃ》が近《ちか》づいてきたときは、交差点《こうさてん》を避《さ》け、道路《どうろ》の左側《ひだりがわ》に寄《よ》って一時停止《いちじていし》する。

問《とい》13 ×　ひっかけ

追越《おいこ》し禁止《きんし》の場所《ばしょ》では、自動車《じどうしゃ》や原動機付自転車《げんどうきつきじてんしゃ》は追越《おいこ》しをすることはできない。

問《とい》14 ×　重要《じゅうよう》

駐停車《ちゅうていしゃ》が禁止《きんし》されていない幅《はば》の広《ひろ》い路側帯《ろそくたい》の場合《ばあい》には路側帯《ろそくたい》に入《はい》れるが、このときは車《くるま》の左側《ひだりがわ》に0.75メートル以上《いじょう》の余地《よち》をあけておく。

問《とい》15 ×　ひっかけ

一方通行《いっぽうつうこう》の道路《どうろ》で小回《こまわ》り右折《うせつ》するときは、自動車《じどうしゃ》の右折方法《うせつほうほう》と同《おな》じに道路《どうろ》の右端《みぎはし》に寄《よ》らなければならない。

問《とい》16 ×

騒音《そうおん》を出《だ》して著《いちじる》しく他人《たにん》に迷惑《めいわく》をおよぼしたりするおそれのある車《くるま》は運転《うんてん》できない。

問《とい》17 ×

交通事故《こうつうじこ》を起《お》こした場合《ばあい》は、必《かなら》ず警察官《けいさつかん》に届《とど》け出《で》なければならない。

問《とい》18 ○　頻出《ひんしゅつ》

問題《もんだい》の標示《ひょうじ》は「路面電車停留場《ろめんでんしゃていりゅうじょう》」を表《あらわ》しているので、歩行者《ほこうしゃ》が乗《の》り降《お》りしたり、横断《おうだん》しているときは後方《こうほう》で停止《ていし》する。

問《とい》19 ○　頻出《ひんしゅつ》

道路《どうろ》を通行《つうこう》するときは、決《き》められた交通規則《こうつうきそく》を守《まも》る以外《いがい》にも道路《どうろ》や交通《こうつう》の状況《じょうきょう》に応《おう》じて細《こま》かい配慮《はいりょ》が必要《ひつよう》である。

【問《とい》20】 急発進《きゅうはっしん》や急《きゅう》ブレーキは、危険《きけん》なばかりでなく、燃料消費量《ねんりょうしょうひりょう》も多《おお》くなり不経済《ふけいざい》である。

【問《とい》21】 車両通行帯《しゃりょうつうこうたい》のない道路《どうろ》では、中央線《ちゅうおうせん》から左側《ひだりがわ》ならどの部分《ぶぶん》を通行《つうこう》してもよい。

【問《とい》22】 安全地帯《あんぜんちたい》に歩行者《ほこうしゃ》がいるときは、徐行《じょこう》して進《すす》むことができる。

【問《とい》23】 警音器《けいおんき》は、危険《きけん》を避《さ》けるためやむを得《え》ない場合《ばあい》や、「警笛鳴《けいてきな》らせ」等《とう》の標識《ひょうしき》がある場所《ばしょ》のほかは鳴《な》らしてはならない。

【問《とい》24】 図《ず》4の標識《ひょうしき》のあるところは軽車両《けいしゃりょう》は通行《つうこう》できるが原動機付自転車《げんどうきつきじてんしゃ》は通行《つうこう》できない。

図《ず》4

【問《とい》25】 乾燥《かんそう》した路面《ろめん》で二輪車《にりんしゃ》にブレーキをかけるときは、前輪《ぜんりん》ブレーキをやや強《つよ》くかける。

【問《とい》26】 前《まえ》の車《くるま》に続《つづ》いて踏切《ふみきり》を通過《つうか》するときは、安全《あんぜん》を確認《かくにん》すれば一時停《いちじてい》止《し》する必要《ひつよう》はない。

【問《とい》27】 車《くるま》を運転中《うんてんちゅう》、大地震《だいじしん》が発生《はっせい》したときは、急《きゅう》ハンドルや急《きゅう》ブレーキを避けるなどして、できるだけ安全《あんぜん》な方法《ほうほう》で道路《どうろ》の左側《ひだりがわ》に寄《よ》せて停止《ていし》させる。

【問《とい》28】 原動機付自転車《げんどうきつきじてんしゃ》を運転《うんてん》するときは、免許証《めんきょしょう》に記載《きさい》されている条件《じょうけん》を守《まも》らなければならない。

【問《とい》29】 運転者《うんてんしゃ》が酒《さけ》を飲《の》んでいるのを知《し》りながら、原動機付自転車《げんどうきつきじてんしゃ》で荷物《にもつ》の配送《はいそう》を頼《たの》んでも、依頼者《いらいしゃ》には罰則《ばっそく》は適用《てきよう》されない。

【問《とい》30】 図《ず》5の標示《ひょうじ》のある路側帯《ろそくたい》では駐停車《ちゅうていしゃ》が禁止《きんし》されているので、路側帯《ろそくたい》の中《なか》に入《はい》って駐停《ちゅうてい》車《しゃ》することはできない。

図《ず》5

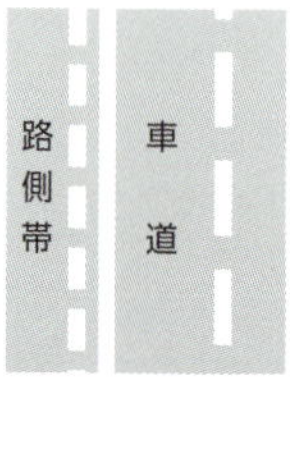

問《とい》20 ○

急発進《きゅうはっしん》、急《きゅう》ブレーキや空《から》ぶかしを行《おこな》うと、燃料《ねんりょう》を余分《よぶん》に消費《しょうひ》する原因《げんいん》になる。

問《とい》21 × 頻出《ひんしゅつ》

追越《おいこ》しなどやむを得《え》ない場合《ばあい》のほかは、道路《どうろ》の左《ひだり》に寄《よ》って通行《つうこう》する。

問《とい》22 ○ 重要《じゅうよう》

安全地帯《あんぜんちたい》に歩行者《ほこうしゃ》がいるときは徐行《じょこう》し、いないときはそのまま通行《つうこう》できる。

問《とい》23 ○ ひっかけ

警音器《けいおんき》は、危険《きけん》を避《さ》けるためやむを得《え》ない場合《ばあい》や、「警笛鳴《けいてきな》らせ」・「警笛区間《けいてきくかん》」の標識《ひょうしき》がある場所以外《ばしょいがい》はみだりに鳴《な》らしてはならない。

問《とい》24 ×

問題《もんだい》の標識《ひょうしき》は「自転車以外《じてんしゃいがい》の軽車両通行止《けいしゃりょうつうこうど》め」を表示《ひょうじ》しているので、原動機付自転車《げんどうきつきじてんしゃ》は通行《つうこう》できる。

問《とい》25 ○ ひっかけ

二輪車《にりんしゃ》は乾燥《かんそう》した路面《ろめん》では前輪《ぜんりん》ブレーキを、路面《ろめん》がすべりやすいときは後輪《こうりん》ブレーキをやや強《つよ》くかける。

問《とい》26 × 頻出《ひんしゅつ》

前車《ぜんしゃ》に続《つづ》いて踏切《ふみきり》を通過《つうか》するときでも、一時停止《いちじていし》をし、安全《あんぜん》を確《たし》かめなければならない。

問《とい》27 ○

走行中《そうこうちゅう》に大地震《だいじしん》が発生《はっせい》したときは、ハンドルをしっかり握《にぎ》り、急《きゅう》ハンドル、急《きゅう》ブレーキを避《さ》けて、道路《どうろ》の左側《ひだりがわ》に停止《ていし》させる。

問《とい》28 ○ 重要《じゅうよう》

運転《うんてん》するときには、運転《うんてん》しようとする車《くるま》に応《おう》じた運転免許証《うんてんめんきょしょう》を持《も》ち、運転免許証《うんてんめんきょしょう》に記載《きさい》されている条件《じょうけん》を守《まも》らなければならない。

問《とい》29 ×

酒気《しゅき》を帯《お》びていることを知《し》りながら運送《うんそう》を依頼《いらい》すれば、依頼者《いらいしゃ》にも罰則《ばっそく》が適用《てきよう》される。

問《とい》30 ○

問題《もんだい》の標示《ひょうじ》は「駐停車禁止路側帯《ちゅうていしゃきんしろそくたい》」を表示《ひょうじ》しているので、車《くるま》は路側帯《ろそくたい》に入《はい》ることはできない。

第《だい》7回《かい》 実力養成《じつりょくようせい》テスト

【問《とい》31】 □□
他《ほか》の車《くるま》に追《お》い越《こ》されるときは、できるだけ左側《ひだりがわ》に寄《よ》りその車《くるま》が追《おい》越《こ》しを終《お》わるまで、速度《そくど》を上《あ》げてはならない。

【問《とい》32】 □□
上《のぼ》り坂《ざか》で停止《ていし》するとき、前《まえ》の車《くるま》に接近《せっきん》しすぎないように止《と》めるとよい。

【問《とい》33】 □□
原動機付自転車《げんどうきつきじてんしゃ》でぬかるみや砂利道《じゃりみち》を走行《そうこう》するときは、高速《こうそく》ギアなどを使《つか》って加速《かそく》して通行《つうこう》する。

【問《とい》34】 □□
黄色《きいろ》の灯火《とうか》の点滅《てんめつ》は、必《かなら》ず停止位置《ていしいち》で一時停止《いちじていし》をして安全《あんぜん》を確《たし》かめてから進《すす》まなければならない。

【問《とい》35】 □□
違法駐車車両《いほうちゅうしゃしゃりょう》であって、運転者《うんてんしゃ》がその車《くるま》を離《はな》れてただちに運転《うんてん》することができない状態《じょうたい》にあるものを「放置車両《ほうちしゃりょう》」という。

【問《とい》36】 □□
図《ず》6の標識《ひょうしき》のあるところでは子《こ》どもの飛《と》び出《だ》しが多《おお》いので、徐行《じょこう》して通行《つうこう》しなければならない。

図《ず》6

【問《とい》37】 □□
同一方向《どういつほうこう》に進行《しんこう》しながら進路《しんろ》を変《か》えるときは、進路《しんろ》を変《か》えようとするときの約《やく》10秒前《びょうまえ》に合図《あいず》をしなければならない。

【問《とい》38】 □□
道幅《みちはば》が同《おな》じような交差点《こうさてん》では、左方《さほう》からくる車《くるま》があるときは、その車《くるま》の進行《しんこう》を妨《さまた》げてはならない（環状交差点《かんじょうこうさてん》を除《のぞ》く）。

【問《とい》39】 □□
走行中《そうこうちゅう》、アクセルワイヤーが引《ひ》っ掛《か》かってアクセルが戻《もど》らなくなったら、急《きゅう》ブレーキをかけて止《と》まる。

【問《とい》40】 □□
身体《しんたい》の不自由《ふじゆう》な人《ひと》が、車《くるま》いすで通行《つうこう》しているときは、その通行《つうこう》を妨《さまた》げないように一時停止《いちじていし》するか、徐行《じょこう》しなければならない。

【問《とい》41】 □□
初心運転者期間《しょしんうんてんしゃきかん》とは、準中型免許《じゅんちゅうがためんきょ》・普通免許《ふつうめんきょ》・大型二輪免許《おおがたにりんめんきょ》・普《ふ》通《つう》二輪免許《にりんめんきょ》・原付免許《げんつきめんきょ》を取得後《しゅとくご》1年間《ねんかん》をいう。

問《とい》31 ○ 頻《ひん》出《しゅつ》

車《くるま》は他《ほか》の車《くるま》に追《お》い越《こ》されるときは、追越《おいこ》しが終《お》わるまで速度《そくど》を上《あ》げてはならない。

問《とい》32 ○

上《のぼ》り坂《ざか》で、前《まえ》の車《くるま》に続《つづ》いて停止《ていし》するときに接近《せっきん》しすぎると、前《まえ》の車《くるま》が発進《はっしん》の際《さい》に後退《こうたい》して衝突《しょうとつ》するおそれがある。

問《とい》33 ×

低速《ていそく》ギアなどを使《つか》って速度《そくど》を落《お》として通行《つうこう》する。

問《とい》34 × 重《じゅう》要《よう》

黄色《きいろ》の灯火《とうか》の点滅《てんめつ》の場合《ばあい》は、他《ほか》の交通《こうつう》に注意《ちゅうい》して進《すす》むことができる。

問《とい》35 ○

警察官等《けいさつかんとう》がこの放置車両《ほうちしゃりょう》を確認《かくにん》したときは「放置車両確認標章《ほうちしゃりょうかくにんひょうしょう》」が車《くるま》の見《み》やすい箇所《かしょ》に取《と》り付《つ》けられる。

問《とい》36 × 頻《ひん》出《しゅつ》

問題《もんだい》の標識《ひょうしき》は「横断歩道《おうだんほどう》」を表示《ひょうじ》しているので、横断者《おうだんしゃ》がいる場合《ばあい》は一時停止《いちじていし》をし、明《あき》らかに横断者《おうだんしゃ》がいない場合《ばあい》はそのまま通行《つうこう》できる。

問《とい》37 ×

合図《あいず》を行《おこな》う時期《じき》は、進路《しんろ》を変《か》えようとするときの約《やく》３秒前《びょうまえ》である。

問《とい》38 ○ 重《じゅう》要《よう》

左方車優先《さほうしゃゆうせん》により、左方《さほう》からの車《くるま》の進行《しんこう》を妨《さまた》げてはならない。

問《とい》39 ×

ただちにエンジンスイッチを切《き》るなどして、エンジンの回転《かいてん》を止《と》める。

問《とい》40 ○ 頻《ひん》出《しゅつ》

身体《しんたい》の不自由《ふじゆう》な人《ひと》が通行《つうこう》しているときは、一時停止《いちじていし》か徐行《じょこう》して、これらの人《ひと》が安全《あんぜん》に通《とお》れるようにしなければならない。

問《とい》41 ○

免許《めんきょ》の種類《しゅるい》ごとに取得後《しゅとくご》１年間《ねんかん》は初心運転者期間《しょしんうんてんしゃきかん》という。

【問《とい》42】 図《ず》7の標識《ひょうしき》のある通行帯《つうこうたい》を通行《つうこう》して、交差《こうさ》点《てん》で左折《させつ》した。

□□

図《ず》7

【問《とい》43】 原動機付自転車《げんどうきつきじてんしゃ》は原則《げんそく》として軌道敷内《きどうしきない》を通行《つう》行《こう》できないが、右左折《うさせつ》、横断《おうだん》・転回《てんかい》などで軌道敷内《きどうしきない》を横切《よこぎ》るときは通行《つうこう》できる。

□□

【問《とい》44】 横断歩道《おうだんほどう》、自転車横断帯《じてんしゃおうだんたい》とその端《はし》から前後《ぜんご》に5メートル以内《いない》の場《ば》所《しょ》は、駐車《ちゅうしゃ》や停車《ていしゃ》をすることはできない。

□□

【問《とい》45】 交差点《こうさてん》では、左折《させつ》する四輪車《よんりんしゃ》の後輪《こうりん》に巻《ま》き込《こ》まれるおそれがあるので、四輪車《よんりんしゃ》の運転者《うんてんしゃ》からよく見《み》える位置《いち》を走行《そうこう》するようにしなければならない。

□□

【問《とい》46】 原動機付自転車《げんどうきつきじてんしゃ》を運転《うんてん》する場合《ばあい》、工事用《こうじよう》ヘルメットでもよいから、必《かなら》ずかぶらなければならない。

□□

問《とい》42 頻出《ひんしゅつ》 ○

問題《もんだい》の標識《ひょうしき》は「進行方向別通行区分《しんこうほうこうべつつうこうくぶん》（直進《ちょくしん》・左折《させつ》）」を表示《ひょうじ》しているので、交差点《こうさてん》で直進《ちょくしん》や左折《させつ》することができる。

問《とい》43 重要《じゅうよう》 ○

原動機付自転車《げんどうきつきじてんしゃ》は左折《させつ》・右折《うせつ》・横断《おうだん》・転回《てんかい》のため、軌道敷内《きどうしきない》を横切《よこぎ》るときは通行《つうこう》することができる。

問《とい》44 ○

横断歩道《おうだんほどう》や自転車横断帯《じてんしゃおうだんたい》とその端《はし》から前後《ぜんご》に5メートル以内《いない》の場所《ばしょ》は駐停車禁止《ちゅうていしゃきんし》である。

問《とい》45 重要《じゅうよう》 ○

四輪車《よんりんしゃ》の死角《しかく》に入《はい》らないようにし、必要《ひつよう》な距離《きょり》を確保《かくほ》するなど、四輪《よんりん》運転者《うんてんしゃ》が気《き》づきやすい位置《いち》を走行《そうこう》する。

問《とい》46 ひっかけ ×

PS（c）マークやJISマークのついた乗車用《じょうしゃよう》ヘルメット以外《いがい》のヘルメットを使用《しよう》してはならない。

第《だい》7回実力養成《かいじつりょくようせい》テスト 攻略《こうりゃく》ポイントはココ！

二輪車《にりんしゃ》の正《ただ》しいブレーキ操作《そうさ》についてしっかり覚《おぼ》えよう

問《とい》3、25は、「二輪車《にりんしゃ》のブレーキのかけ方《かた》」に関《かん》する問題《もんだい》。二輪車《にりんしゃ》では正《ただ》しいブレーキ操作《そうさ》を行《おこな》わないと転倒《てんとう》するおそれがあるので、しっかりと覚《おぼ》えておこう。二輪車《にりんしゃ》でブレーキをかける場合《ばあい》、路面《ろめん》が乾燥《かんそう》しているときとぬれているときで、操作《そうさ》に違《ちが》いがあることを理解《りかい》しておく。ブレーキをかけるときの乗車姿勢《じょうしゃしせい》も大切《たいせつ》である。

路側帯《ろそくたい》に入《はい》っての駐停車《ちゅうていしゃ》の方法《ほうほう》について理解《りかい》しておこう

問《とい》14、30は、「路側帯《ろそくたい》」に関《かん》する問題《もんだい》。路側帯《ろそくたい》には原動機付自転車《げんどうきつきじてんしゃ》や自動車《じどうしゃ》が入《はい》って駐停車《ちゅうていしゃ》できるところと、路側帯《ろそくたい》に入《はい》ることができないところがあるので、その違《ちが》いをしっかり覚《おぼ》えておこう。路側帯《ろそくたい》に入《はい》って駐停車《ちゅうていしゃ》する場合《ばあい》に車《くるま》の左側《ひだりがわ》にあける余地《よち》はよく出題《しゅつだい》されるので、理解《りかい》しておくようにする。

【問《とい》47】 踏切《ふみきり》で前《まえ》の車《くるま》に続《つづ》いて止《と》まりました。踏切《ふみきり》を通過《つうか》するとき、どのようなことに注意《ちゅうい》して運転《うんてん》しますか？

（1）□□
（2）□□
（3）□□

(1) 前《まえ》の車《くるま》にさえぎられ前方《ぜんぽう》の様子《ようす》がわからないので、踏切《ふみきり》の向《む》こうに自分《じぶん》の原動機付自転車《げんどうきつきじてんしゃ》が入《はい》れる余地《よち》があるかを確《たし》かめてから、踏切《ふみきり》に入《はい》る。

(2) 左側《ひだりがわ》に踏切《ふみきり》を渡《わた》っている歩行者《ほこうしゃ》がいるが、対向車《たいこうしゃ》もきているので、歩行者《ほこうしゃ》を追《お》い越《こ》して踏切《ふみきり》の左寄《ひだりよ》りを通過《つうか》する。

(3) 前《まえ》の車《くるま》に続《つづ》いて踏切《ふみきり》を通過《つうか》すれば安全《あんぜん》なので、前《まえ》の車《くるま》との車間《しゃかん》距離《きょり》をつめ踏切《ふみきり》を通過《つうか》する。

【問《とい》48】 信号機《しんごうき》のない交差点《こうさてん》を20km/hで直進《ちょくしん》しようとしています。このとき、どのようなことに注意《ちゅうい》して運転《うんてん》しますか？

（1）□□
（2）□□
（3）□□

(1) 交差《こうさ》する左右《さゆう》の道路《どうろ》から歩行者《ほこうしゃ》や車《くるま》が出《で》てくるかもしれないので、カーブミラーや直接自分《ちょくせつじぶん》の目《め》で、安全《あんぜん》を確《たし》かめてから進行《しんこう》する。

(2) 歩行者《ほこうしゃ》が横断《おうだん》をすでに終《お》えているので、道路《どうろ》の中央《ちゅうおう》に寄《よ》りながら、その後《うし》ろをそのままの速度《そくど》で進行《しんこう》する。

(3) 見通《みとお》しの悪《わる》い交差点《こうさてん》では、その手前《てまえ》でいつでも止《と》まれるように速度《そくど》を落《お》として進行《しんこう》する。

問《とい》47

(1) ○

(2) ×

(3) ×

●踏切《ふみきり》の先《さき》に自分《じぶん》の車《くるま》の入《はい》る余地《よち》があるかどうかを確認《かくにん》してから、踏切《ふみきり》に入《はい》る。踏切内《ふみきりない》で動《うご》きがとれなくなると、たいへん危険《きけん》である。

●踏切《ふみきり》を通過《つうか》するときあまり左《ひだり》に寄《よ》ると落輪《らくりん》するおそれがあり、大事故《だいじこ》につながりがち。対向車《たいこうしゃ》や歩行者《ほこうしゃ》に注意《ちゅうい》しながら、やや中央寄《ちゅうおうよ》りを通行《つうこう》するようにする。

●前《まえ》の車《くるま》に続《つづ》いて踏切《ふみきり》を通過《つうか》するときにも一時停止《いちじていし》し、安全《あんぜん》を確《たし》かめなければならない。

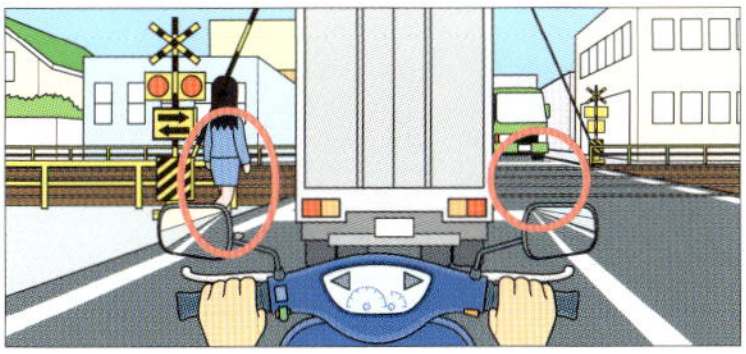

踏切内《ふみきりない》で動《うご》きがとれなくなると大事故《だいじこ》につながるので、踏切《ふみきり》の先《さき》に自分《じぶん》の車《くるま》が入《はい》る余地《よち》があるかなど、一時停止《いちじていし》して確《たし》かめてから踏切《ふみきり》に入《はい》る。

問《とい》48

(1) ○

(2) ×

(3) ○

●見通《みとお》しの悪《わる》い交差点《こうさてん》を通行《つうこう》するときには、歩行者《ほこうしゃ》や車《くるま》などに十分注意《じゅうぶんちゅうい》しながら、交差点《こうさてん》の状況《じょうきょう》に応《おう》じて、できる限《かぎ》り安全《あんぜん》な速度《そくど》と方法《ほうほう》で進行《しんこう》しなければならない。

●見通《みとお》しの悪《わる》い交差点《こうさてん》では、出合《であ》い頭《がしら》の事故《じこ》が多《おお》いので、すぐに止《と》まれるように速度《そくど》を落《お》として、進行《しんこう》しなければならない。

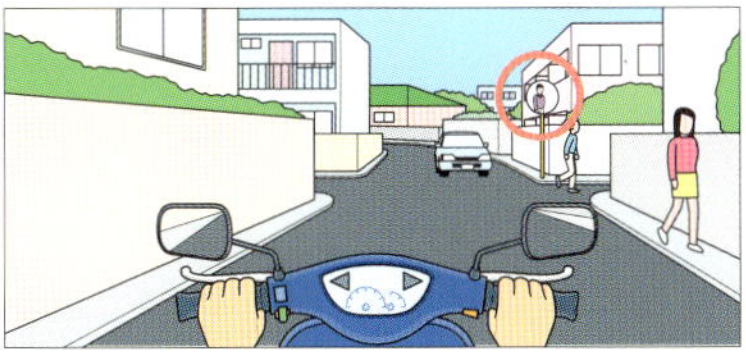

見通《みとお》しの悪《わる》い交差点《こうさてん》ではカーブミラーや自分《じぶん》の目《め》で直接安全《ちょくせつあんぜん》を確《たし》かめ、速度《そくど》を落《お》として進行《しんこう》する。

第《だい》8回《かい》 実力養成《じつりょくようせい》テスト

■制限時間《せいげんじかん》／30分《ぷん》
■合格《ごうかく》ライン／45点《てん》
・問《とい》1～問《とい》46は、各《かく》1点《てん》
・問《とい》47～問《とい》48は、各《かく》2点《てん》

●次《つぎ》の問題《もんだい》で正《ただ》しいと思《おも》うものは「○」、誤《あやま》っていると思《おも》うものは「×」と答《こた》えなさい。

【問《とい》1】 法令《ほうれい》に従《したが》ったり、お互《たが》いにゆずり合《あ》ったりすることは、かえって交通《こうつう》が混乱《こんらん》して危険《きけん》を生《しょう》じることになる。

【問《とい》2】 交通事故《こうつうじこ》を起《お》こしても、被害者《ひがいしゃ》との間《あいだ》に話《はな》し合《あ》いがつけば、警察《けいさつ》官《かん》に報告《ほうこく》しなくてもよい。

【問《とい》3】 原動機付自転車《げんどうきつきじてんしゃ》でブレーキをかけるときは、ぬれた路面《ろめん》では後輪《こうりん》ブレーキをやや強《つよ》くかける。

【問《とい》4】 違法駐車《いほうちゅうしゃ》のため放置車両確認標章《ほうちしゃりょうかくにんひょうしょう》を取《と》り付《つ》けられても、運転《うんてん》するときには放置車両確認標章《ほうちしゃりょうかくにんひょうしょう》を取《と》り除《のぞ》くことができる。

【問《とい》5】 エンジンブレーキは、低速《ていそく》ギアよりも高速《こうそく》ギアのほうが、制動効《せいどうこう》果《か》が大《おお》きい。

【問《とい》6】 図《ず》1の標識《ひょうしき》のある交差点《こうさてん》では、原動機付自転《げんどうきつきじてん》車《しゃ》は二段階《にだんかい》で右折《うせつ》しなければならない。

図《ず》1

【問《とい》7】 道路《どうろ》の曲《ま》がり角付近《かどふきん》やこう配《ばい》の急《きゅう》な下《くだ》り坂《ざか》は、見通《みとお》しがよくても追越《おいこ》し禁止《きんし》、徐行《じょこう》の場所《ばしょ》である。

【問《とい》8】 燃料《ねんりょう》の消費量《しょうひりょう》は、車《くるま》の速度《そくど》が速《はや》すぎても遅《おそ》すぎても、どちらも多《おお》くなる。

【問《とい》9】 夜間《やかん》、警察官《けいさつかん》が交差点《こうさてん》の中央《ちゅうおう》で灯火《とうか》を横《よこ》に振《ふ》っているとき、その灯火《とうか》が振《ふ》られている方向《ほうこう》へ進行《しんこう》する交通《こうつう》は青色《あおいろ》の灯火《とうか》の信号《しんごう》と同《おな》じ意味《いみ》である。

【問《とい》10】 原動機付自転車《げんどうきつきじてんしゃ》の所有者《しょゆうしゃ》は、必《かなら》ず自動車損害賠償責任保険《じどうしゃそんがいばいしょうせきにんほけん》か責任《せきにん》共済《きょうさい》に加入《かにゅう》しなければならない。

解答《かいとう》と解説《かいせつ》

自己採点《じこさいてん》	
1回目《かいめ》	2回目《かいめ》

問《とい》1 ×　頻出《ひんしゅつ》

交通法令《こうつうほうれい》を守《まも》り、お互《たが》いにゆずり合《あ》って通行《つうこう》することは、交通《こうつう》の流《なが》れを円滑《えんかつ》にするとともに事故防止《じこぼうし》に役立《やくだ》つ。

問《とい》2 ×

法令《ほうれい》に定《さだ》められている事故措置《じこそち》が終《お》わったら、必《かなら》ず警察官《けいさつかん》に事故報告《じこほうこく》をしなければならない。

問《とい》3 ○　ひっかけ

二輪車《にりんしゃ》でブレーキをかけるときは乾燥《かんそう》した路面《ろめん》では前輪《ぜんりん》ブレーキを、ぬれた路面《ろめん》では後輪《こうりん》ブレーキをやや強《つよ》くかける。

問《とい》4 ○

放置車両確認標章《ほうちしゃりょうかくにんひょうしょう》は運転《うんてん》するときは交通事故防止《こうつうじこぼうし》のため取《と》り除《のぞ》くことができる。

問《とい》5 ×　ひっかけ

車輪《しゃりん》がエンジンを回《まわ》すエンジンブレーキは、高速《こうそく》ギアよりも低速《ていそく》ギアのほうがブレーキ効果《こうか》が大《おお》きくなる。

問《とい》6 ○　頻出《ひんしゅつ》

問題《もんだい》の標識《ひょうしき》は「原動機付自転車《げんどうきつきじてんしゃ》の右折方法《うせつほうほう》（二段階《にだんかい》）」を表示《ひょうじ》しているので、原動機付自転車《げんどうきつきじてんしゃ》は二段階右折《にだんかいうせつ》をしなければならない。

問《とい》7 ○　ひっかけ

曲《ま》がり角付近《かどふきん》やこう配《ばい》の急《きゅう》な下《くだ》り坂《ざか》は、追越《おいこ》し禁止《きんし》の場所《ばしょ》であり、徐行《じょこう》の場所《ばしょ》である。

問《とい》8 ○

車《くるま》の速度《そくど》と燃料消費量《ねんりょうしょうひりょう》には密接《みっせつ》な関係《かんけい》があり、速度《そくど》が速《はや》すぎても遅《おそ》すぎても燃料消費量《ねんりょうしょうひりょう》は多《おお》くなる。

問《とい》9 ○

灯火《とうか》が振《ふ》られている方向《ほうこう》へ進行《しんこう》する交通《こうつう》は、青色《あおいろ》の灯火《とうか》の信号《しんごう》と同《おな》じ意味《いみ》である。

問《とい》10 ○

できるだけ任意保険《にんいほけん》にも加入《かにゅう》する。

第《だい》8回《かい》 実力養成《じつりょくようせい》テスト

【問《とい》11】 □□

車《くるま》の速度《そくど》が2倍《ばい》になると、ブレーキがきき始《はじ》めてから車《くるま》が止《と》まるまでの距離《きょり》は、おおよそ4倍《ばい》になる。

【問《とい》12】 □□

図《ず》2の標識《ひょうしき》のある道路《どうろ》では、徐行《じょこう》しなければならない。

図《ず》2

【問《とい》13】 □□

原動機付自転車《げんどうきつきじてんしゃ》は、左側部分《ひだりがわぶぶん》に3車線《しゃせん》ある道《どう》路《ろ》では、もっとも左側《ひだりがわ》の車線《しゃせん》を通行《つうこう》しなければならない。

【問《とい》14】 □□

運転《うんてん》をすることがわかっている人《ひと》に酒《さけ》を飲《の》ませた場合《ばあい》には、飲《の》ませた人《ひと》にも罰則《ばっそく》が適用《てきよう》される。

【問《とい》15】 □□

夜間《やかん》、対向車《たいこうしゃ》のライトがまぶしかったので、しばらくの間《あいだ》、目《め》をつぶって運転《うんてん》した。

【問《とい》16】 □□

暗《くら》いトンネルに入《はい》ると、視力《しりょく》が急激《きゅうげき》に低下《ていか》するので、あらかじめ速度《そくど》を落《お》として進入《しんにゅう》したほうがよい。

【問《とい》17】 □□

災害《さいがい》が発生《はっせい》し、災害対策基本法《さいがいたいさくきほんほう》により、道路《どうろ》の区間《くかん》を指定《してい》して交《こう》通《つう》の規制《きせい》が行《おこな》われたときは、規制《きせい》が行《おこな》われている道路《どうろ》の区間以外《くかんいがい》の場所《ばしょ》に移動《いどう》する。

【問《とい》18】 □□

図《ず》3の標示《ひょうじ》がある場合《ばあい》は、前方《ぜんぽう》に横断歩道《おうだんほどう》や自転車横断帯《じてんしゃおうだんたい》がある。

図《ず》3

【問《とい》19】 □□

原付免許《げんつきめんきょ》を受《う》けて1年未満《ねんみまん》の運転者《うんてんしゃ》は、原動《げんどう》機付自転車《きつきじてんしゃ》の前《まえ》か後《うし》ろのどちらかに初心運転《しょしんうんてん》者標識《しゃひょうしき》（マーク）をつけなければならない。

【問《とい》20】 □□

歩道《ほどう》も路側帯《ろそくたい》もない道路《どうろ》に駐車《ちゅうしゃ》するときは、車《くるま》の左側《ひだりがわ》に歩行者《ほこうしゃ》の通行用《つうこうよう》として0.75メートルの余地《よち》を残《のこ》さなければならない。

問《とい》11 ○ 重要《じゅうよう》

速度《そくど》が2倍《ばい》になれば、制動距離《せいどうきょり》は4倍《ばい》になる。

問《とい》12 × ひっかけ

問題《もんだい》の標識《ひょうしき》は「上《のぼ》り急《きゅう》こう配《ばい》あり」を表示《ひょうじ》しているので徐行場所《じょこうばしょ》ではない。上《のぼ》り坂《ざか》の頂上付近《ちょうじょうふきん》とこう配《ばい》の急《きゅう》な下《くだ》り坂《ざか》が徐行場所《じょこうばしょ》である。

問《とい》13 ○ 頻出《ひんしゅつ》

同一方向《どういつほうこう》に3つ以上《いじょう》の車両通行帯《しゃりょうつうこうたい》がある道路《どうろ》では、速度《そくど》の遅《おそ》い車《くるま》が左《ひだり》側《がわ》、速度《そくど》が速《はや》くなるにつれて順次右側寄《じゅんじみぎがわよ》りの通行帯《つうこうたい》を通行《つうこう》する。もっとも右側《みぎがわ》の通行帯《つうこうたい》は追越《おいこ》しのためあけておく。

問《とい》14 ○ 頻出《ひんしゅつ》

飲酒運転《いんしゅうんてん》をするおそれがある人《ひと》に対《たい》して酒類《さけるい》を提供《ていきょう》すれば、飲酒運転《いんしゅうんてん》幇助行為《ほうじょこうい》に対《たい》する罰則《ばっそく》が適用《てきよう》される。

問《とい》15 × ひっかけ

対向車《たいこうしゃ》のライトがまぶしいときは、視点《してん》をやや左前方《ひだりぜんぽう》に移《うつ》して、目《め》がくらまないようにする。目《め》をつぶるのは危険《きけん》である。

問《とい》16 ○ 重要《じゅうよう》

トンネルの出入口付近《でいりぐちふきん》を走行《そうこう》するときなどは、速度《そくど》を落《お》として、慎重《しんちょう》に運転《うんてん》しなければならない。

問《とい》17 ○

災害対策基本法《さいがいたいさくきほんほう》により、一般車両《いっぱんしゃりょう》の通行《つうこう》が禁止《きんし》または制限《せいげん》されたときは、規制《きせい》が行《おこな》われている道路《どうろ》の区間以外《くかんいがい》の場所《ばしょ》に移動《いどう》する。

問《とい》18 ○

問題《もんだい》の標示《ひょうじ》は「横断歩道《おうだんほどう》または自転車横断帯《じてんしゃおうだんたい》あり」を表示《ひょうじ》している。

問《とい》19 × 頻出《ひんしゅつ》

初心運転者標識《しょしんうんてんしゃひょうしき》（マーク）は、普通免許《ふつうめんきょ》を受《う》けて1年未満《ねんみまん》の運転者《うんてんしゃ》が、運転《うんてん》する普通自動車《ふつうじどうしゃ》の前後《ぜんご》につけなければならない標識《ひょうしき》である。

問《とい》20 × 頻出《ひんしゅつ》

歩道《ほどう》も路側帯《ろそくたい》もない道路《どうろ》に駐車《ちゅうしゃ》するときは、車《くるま》の左側《ひだりがわ》をあけないで、道路《どうろ》の左端《ひだりはし》に沿《そ》うように寄《よ》せる。

【問《とい》21】 □□
二輪車《にりんしゃ》の乗車姿勢《じょうしゃしせい》は、ステップにつま先《さき》を乗《の》せ斜《なな》め前《まえ》を向《む》くようにして、足《あし》の裏《うら》が水平《すいへい》になるようにするのがよい。

【問《とい》22】 □□
駐車禁止《ちゅうしゃきんし》の規制標識《きせいひょうしき》がある場所《ばしょ》でも、荷物《にもつ》の積《つ》み下《お》ろしをしている間《あいだ》は、時間《じかん》に関係《かんけい》なく停止《ていし》することができる。

【問《とい》23】 □□
原動機付自転車《げんどうきつきじてんしゃ》は、路線《ろせん》バスなどの専用通行帯《せんようつうこうたい》がある場合《ばあい》、路線《ろせん》バスなどの進行《しんこう》を妨《さまた》げないときに限《かぎ》り、通行《つうこう》することができる。

【問《とい》24】 □□
図《ず》4の標識《ひょうしき》のあるところは原動機付自転車《げんどうきつきじてんしゃ》は通行《つうこう》できない。

図《ず》4

【問《とい》25】 □□
オートマチック二輪車《にりんしゃ》は、スロットルを急《きゅう》に回転《かいてん》させると急発進《きゅうはっしん》する危険《きけん》がある。

【問《とい》26】 □□
原動機付自転車《げんどうきつきじてんしゃ》でリヤカーをけん引《いん》したが、車《くるま》から降《お》りて押《お》して歩《ある》くので、歩道《ほどう》を通行《つうこう》した。

【問《とい》27】 □□
黄色《きいろ》の灯火《とうか》の矢印信号《やじるししんごう》に対面《たいめん》した車《くるま》は、黄色《きいろ》の灯火《とうか》や赤色《あかいろ》の灯火《とうか》に関係《かんけい》なく、ほかの交通《こうつう》に注意《ちゅうい》して矢印《やじるし》の方向《ほうこう》へ進行《しんこう》することができる。

【問《とい》28】 □□
交差点《こうさてん》の手前《てまえ》を走行中《そうこうちゅう》、前方《ぜんぽう》から緊急自動車《きんきゅうじどうしゃ》が接近《せっきん》してきたので、道路《どうろ》の左側《ひだりがわ》に寄《よ》り、交差点《こうさてん》の直前《ちょくぜん》で停止《ていし》した。

【問《とい》29】 □□
夜間走行《やかんそうこう》では、昼間《ひるま》よりも速度《そくど》を落《お》として運転《うんてん》する必要《ひつよう》はない。

【問《とい》30】 □□
図《ず》5の標示《ひょうじ》のある通行帯《つうこうたい》では原動機付自転車《げんどうきつきじてんしゃ》は左折《させつ》する場合以外《ばあいいがい》は通行《つうこう》できない。

図《ず》5

問《とい》21 ✕ 頻出《ひんしゅつ》

ステップに土踏《つちふ》まずを乗《の》せ、足《あし》の裏《うら》が水平《すいへい》になるようにして、つま先《さき》はまっすぐ前方《ぜんぽう》に向《む》くようにする。

問《とい》22 ✕ ひっかけ

荷物《にもつ》の積《つ》み下《お》ろしは、5分《ふん》を超《こ》えると駐車《ちゅうしゃ》になるから、5分以内《ふんいない》に終《お》わらせてその場所《ばしょ》を去《さ》らなければならない。

問《とい》23 ✕ ひっかけ

原動機付自転車《げんどうきつきじてんしゃ》は、路線《ろせん》バスの運行《うんこう》に関係《かんけい》なく、路線《ろせん》バスなどの専用《せんよう》通行帯《つうこうたい》を通行《つうこう》することができる。

問《とい》24 ✕

問題《もんだい》の標識《ひょうしき》は「自転車通行止《じてんしゃつうこうど》め」を表示《ひょうじ》しているので、原動機付自転車《げんどうきつきじてんしゃ》は通行《つうこう》できる。

問《とい》25 ○

オートマチック二輪車《にりんしゃ》は、クラッチ操作《そうさ》がいらない分《ぶん》、スロットルを急《きゅう》に回転《かいてん》させると急発進《きゅうはっしん》する危険《きけん》がある。

問《とい》26 ✕ ひっかけ

リヤカーをけん引《いん》しているときは歩行者《ほこうしゃ》に含《ふく》まれないから、車道《しゃどう》の左端《ひだりはし》を通行《つうこう》しなければならない（リヤカーのけん引《いん》は都道府県条例《とどうふけんじょうれい》により規制《きせい》を受《う》ける地域《ちいき》もある）。

問《とい》27 ✕ ひっかけ

黄色《きいろ》の灯火《とうか》の矢印信号《やじるししんごう》でその矢印《やじるし》の方向《ほうこう》に進行《しんこう》することができるのは、車《くるま》ではなく、路面電車《ろめんでんしゃ》だけである。

問《とい》28 ○ 頻出《ひんしゅつ》

交差点付近《こうさてんふきん》で緊急自動車《きんきゅうじどうしゃ》が接近《せっきん》してきたときには、交差点《こうさてん》を避《さ》けて、道路《どうろ》の左側《ひだりがわ》に寄《よ》って一時停止《いちじていし》をする。

問《とい》29 ✕ 重要《じゅうよう》

夜間《やかん》は昼間《ひるま》より少《すこ》し速度《そくど》を落《お》とし、車間距離《しゃかんきょり》を長《なが》めにとって運転《うんてん》する。

問《とい》30 ✕

問題《もんだい》の標示《ひょうじ》は「路線《ろせん》バス等優先通行帯《とうゆうせんつうこうたい》」を表示《ひょうじ》しているので、原動機付自転車《げんどうきつきじてんしゃ》は通行《つうこう》することができる。

【問《とい》31】 自転車横断帯《じてんしゃおうだんたい》の手前《てまえ》30メートル以内《いない》の道路《どうろ》の部分《ぶぶん》であっても、横《おう》断《だん》する自転車《じてんしゃ》がいないときは、原動機付自転車《げんどうきつきじてんしゃ》を追《お》い越《こ》すことができる。

【問《とい》32】 前方《ぜんぽう》の停留所《ていりゅうじょ》に止《と》まっていた路線《ろせん》バスが、発進《はっしん》するため方向指示《ほうこうしじ》器《き》で合図《あいず》をしたときは、その横《よこ》を急《いそ》いで通過《つうか》してよい。

【問《とい》33】 火災報知機《かさいほうちき》から1メートル以内《いない》の場所《ばしょ》に車《くるま》を止《と》め、運転者《うんてんしゃ》が車《くるま》に乗《の》ったまま、5分間《ふんかん》を超《こ》えて荷待《にま》ちをした。

【問《とい》34】 夜間《やかん》、交通量《こうつうりょう》の多《おお》い市街地《しがいち》の道路《どうろ》を通行《つうこう》するときは、前照灯《ぜんしょうとう》を下《した》向《む》きにして走行《そうこう》する。

【問《とい》35】 信号機《しんごうき》のない道幅《みちはば》のほぼ同《おな》じ交差点《こうさてん》（優先道路《ゆうせんどうろ》を除《のぞ》く）に入《はい》ろうとしたところ、右方《うほう》の道路《どうろ》から交差点《こうさてん》へ入《はい》ろうとしている車《くるま》があったが、自分《じぶん》が左方《さほう》なので先《さき》に通行《つうこう》した（環状交差点《かんじょうこうさてん》を除《のぞ》く）。

【問《とい》36】 図《ず》6の標識《ひょうしき》のある場所《ばしょ》で荷物《にもつ》の積卸《つみおろ》しのために3分間停車《ぶんかんていしゃ》した。

図《ず》6

【問《とい》37】 舗装《ほそう》されていないでこぼこの多《おお》い道路《どうろ》では、ハンドルを軽《かる》く握《にぎ》り、速度《そくど》を上《あ》げて一気《いっき》に通過《つうか》したほうがよい。

【問《とい》38】 踏切《ふみきり》を一時停止《いちじていし》しないで通過《つうか》できるのは、信号機《しんごうき》のある踏切《ふみきり》で、青信号《あおしんごう》に従《したが》うときだけである。

【問《とい》39】 左右《さゆう》の見通《みとお》しのきく踏切《ふみきり》であっても、その手前《てまえ》30メートル以内《いない》の道路《どうろ》の部分《ぶぶん》は、追越《おいこ》しが禁止《きんし》されている。

【問《とい》40】 前《まえ》の車《くるま》が、右折《うせつ》などのため右側《みぎがわ》に進路《しんろ》を変《か》えようとしているときは、その車《くるま》を追《お》い越《こ》してはならない。

【問《とい》41】 高速《こうそく》ギアからいきなりローギアに入《い》れると、エンジンをいためたり、転倒《てんとう》したりするおそれがある。

問《とい》31 ×　頻《ひん》出《しゅつ》

自転車横断帯《じてんしゃおうだんたい》とその手前《てまえ》30メートル以内《いない》の場所《ばしょ》は、横断《おうだん》する自転車《じてんしゃ》の有無《うむ》に関係《かんけい》なく、追越《おいこ》し禁止《きんし》の場所《ばしょ》である。

問《とい》32 ×　頻《ひん》出《しゅつ》

急《きゅう》ブレーキや急《きゅう》ハンドルで避《さ》けなければならないようなときを除《のぞ》いて、路線《ろせん》バスの発進《はっしん》を妨《さまた》げてはいけない。

問《とい》33 ×　ひっかけ

荷待《にま》ちは継続的《けいぞくてき》な停止《ていし》で駐車《ちゅうしゃ》になるから、駐車禁止《ちゅうしゃきんし》の場所《ばしょ》では止《と》められない。

問《とい》34 ○　頻《ひん》出《しゅつ》

交通量《こうつうりょう》の多《おお》い市街地《しがいち》の道路《どうろ》などでは、つねに前照灯《ぜんしょうとう》を下向《したむ》きに切《き》り替《か》えて運転《うんてん》する。

問《とい》35 ○

交通整理《こうつうせいり》の行《おこな》われていない道幅《みちはば》が同《おな》じような交差点《こうさてん》（優先道路《ゆうせんどうろ》を除《のぞ》く）では、左方《さほう》からくる車《くるま》の進行《しんこう》を妨《さまた》げてはならない。

問《とい》36 ○　頻《ひん》出《しゅつ》

問題《もんだい》の標識《ひょうしき》は「駐車禁止《ちゅうしゃきんし》」を表示《ひょうじ》しているので、停車《ていしゃ》はできる。

問《とい》37 ×

でこぼこ道《みち》を通《とお》るときは、ハンドルをしっかりと握《にぎ》り、中腰姿勢《ちゅうごししせい》でバランスをとり、低速《ていそく》で走行《そうこう》する。

問《とい》38 ○　重《じゅう》要《よう》

踏切《ふみきり》に信号機《しんごうき》がある場合《ばあい》は、信号《しんごう》に従《したが》って通過《つうか》することができる。ただし、青信号《あおしんごう》でも、安全確認《あんぜんかくにん》は必要《ひつよう》である。

問《とい》39 ○

踏切《ふみきり》とその手前《てまえ》から30メートル以内《いない》の場所《ばしょ》は追越《おいこ》し禁止《きんし》である。

問《とい》40 ○

前《まえ》の車《くるま》が右折《うせつ》などのため右側《みぎがわ》に進路《しんろ》を変《か》えようとしているときは、追《おい》越《こ》しをしてはならない。

問《とい》41 ○

いきなり高速《こうそく》ギアからローギアに入《い》れると、エンジンをいためたり、転倒《てんとう》したりするおそれがある。

【問《とい》42】 □□

図《ず》7の標識《ひょうしき》のあるところでは、自転車《じてんしゃ》が横断《おうだん》しているときは一時停止《いちじていし》して自転車《じてんしゃ》の通行《つうこう》を妨《さまた》げてはならない。

図《ず》7

【問《とい》43】 □□

下《くだ》り坂《ざか》を通行《つうこう》する場合《ばあい》は停止距離《ていしきょり》が長《なが》くなるので、平地《へいち》を走《はし》るときよりも車間距離《しゃかんきょり》を多《おお》くとらなければならない。

【問《とい》44】 □□

大地震《だいじしん》が起《お》きた直後《ちょくご》に警察官《けいさつかん》から通行《つうこう》を禁止《きんし》されたので、そのまま車《くるま》に乗《の》って避難《ひなん》した。

【問《とい》45】 □□

右側《みぎがわ》の道路上《どうろじょう》に3メートルの余地《よち》しか残《のこ》せない道路《どうろ》に車《くるま》を止《と》め、運転者《うんてんしゃ》が車《くるま》から離《はな》れないで、荷物《にもつ》を降《お》ろした。

【問《とい》46】 □□

車《くるま》の速度《そくど》が速《はや》くなればなるほど視野《しや》は狭《せま》くなり、近《ちか》くの物《もの》は流《なが》れて見《み》えにくくなるので、危険《きけん》は大幅《おおはば》に増加《ぞうか》する。

【問《とい》47】

夜間《やかん》、前方《ぜんぽう》にトラックが止《と》まっている道路《どうろ》を30km/hで進行《しんこう》しています。どのようなことに注意《ちゅうい》して運転《うんてん》しますか？

（1）□□ (1) 対向車《たいこうしゃ》は見《み》えないので、ハイビームにして無灯火《むとうか》の自転車《じてんしゃ》や歩行者《ほこうしゃ》がいるかどうか注意《ちゅうい》をしながら進行《しんこう》する。

（2）□□ (2) 他《ほか》の車《くるま》のヘッドライトも見《み》えないので、速度《そくど》を上《あ》げて進行《しんこう》する。

（3）□□ (3) 道路《どうろ》に他《ほか》の駐車車両《ちゅうしゃしゃりょう》があることも予測《よそく》し、反射板《はんしゃばん》の光《ひかり》などに注意《ちゅうい》して進行《しんこう》する。

問《とい》42 ○

問題《もんだい》の標識《ひょうしき》は「自転車横断帯《じてんしゃおうだんたい》」を表示《ひょうじ》しているので、自転車《じてんしゃ》が横断《おうだん》しているときは一時停止《いちじていし》をして横断《おうだん》を妨《さまた》げてはならない。

問《とい》43 ○ 重要《じゅうよう》

下《くだ》り坂《ざか》では、加速度《かそくど》がつき、停止距離《ていしきょり》が長《なが》くなるので、前車《ぜんしゃ》との車間《しゃかん》距離《きょり》は、平地《へいち》の場合《ばあい》より多《おお》めにとる。

問《とい》44 × ひっかけ

大地震《だいじしん》が発生《はっせい》したら、車《くるま》での避難《ひなん》は禁止《きんし》。安全《あんぜん》な場所《ばしょ》に車《くるま》を置《お》いて、徒歩《とほ》で避難《ひなん》する。

問《とい》45 ○ ひっかけ

車《くるま》の右側《みぎがわ》の道路上《どうろじょう》に3.5メートル以上《いじょう》の余地《よち》がなくなる場所《ばしょ》でも、荷《に》物《もつ》の積《つ》み下《お》ろしを行《おこな》う場合《ばあい》で運転者《うんてんしゃ》がすぐ運転《うんてん》できるときや、傷病者《しょうびょうしゃ》の救《きゅう》護《ご》のためやむを得《え》ないときは駐車《ちゅうしゃ》できる。

問《とい》46 ○

車《くるま》の速度《そくど》が速《はや》くなるほど、運転者《うんてんしゃ》の視野《しや》は狭《せま》くなり、遠《とお》くを注視《ちゅうし》するようになるために、近《ちか》くは見《み》えにくくなる。

問《とい》47

(1) ○

(2) ×

(3) ○

●夜間《やかん》、交通量《こうつうりょう》の少《すく》ない道路《どうろ》で、対向車《たいこうしゃ》がいない場合《ばあい》は、ヘッドライトをハイビーム（上向《うわむ》き）に切《き》り替《か》えて、無灯火《むとうか》の自転車《じてんしゃ》や歩行《ほこう》者《しゃ》・駐車車両《ちゅうしゃしゃりょう》などに注意《ちゅうい》して慎重《しんちょう》に運転《うんてん》する。

停止《ていし》しているトラックの前方《ぜんぽう》の状況《じょうきょう》もわからず、対向車《たいこうしゃ》もいないので、前照灯《ぜんしょうとう》を上向《うわむ》きにして、無灯火《むとうか》の自転車《じてんしゃ》や歩行者《ほこうしゃ》に注意《ちゅうい》して進《しん》行《こう》する。

【問《とい》48】 30km/hで進行《しんこう》しています。後続車《こうぞくしゃ》が自車《じしゃ》を追《お》い越《こ》そうとしていますが、どのようなことに注意《ちゅうい》して運転《うんてん》しますか？

(1) 対向車《たいこうしゃ》が接近《せっきん》しているが、後続車《こうぞくしゃ》は対向車《たいこうしゃ》がくる前《まえ》に自車《じしゃ》を大《おお》きく避《さ》けて追越《おいこ》しを開始《かいし》すると思《おも》われるので、そのまま進行《しんこう》しても安全《あんぜん》である。

(2) 後続車《こうぞくしゃ》が追越《おいこ》しを始《はじ》めようとしていると思《おも》われるが、対向車《たいこうしゃ》が接近《せっきん》してきているので、後続車《こうぞくしゃ》の迷惑《めいわく》にならないように速度《そくど》を上《あ》げて進行《しんこう》する。

(3) 後続車《こうぞくしゃ》が追越《おいこ》しを始《はじ》めようとしていると思《おも》われるので、後続車《こうぞくしゃ》が追越《おいこ》しを始《はじ》めたときは速度《そくど》を上《あ》げずに、左側《ひだりがわ》に寄《よ》って進路《しんろ》をゆずるようにする。

（1）□□
（2）□□
（3）□□

問《とい》48

(1) ×

(2) ×

(3) ○

●後続車《こうぞくしゃ》に必要以上《ひつよういじょう》に接近《せっきん》されると威圧感《いあつかん》から無理《むり》をしてでも速度《そくど》を上《あ》げなければならないと考《かんが》えがちだが、安全《あんぜん》の限界《げんかい》を超《こ》えた速度《そくど》で走行《そうこう》すれば自分《じぶん》だけでなく、他《ほか》の交通《こうつう》にも危険《きけん》を及《およ》ぼしかねない。無理《むり》せず、速度《そくど》を落《お》として左《ひだり》に寄《よ》り、後続車《こうぞくしゃ》に追《お》い越《こ》させるのが安全《あんぜん》への第一歩《だいいっぽ》である。

●この場合《ばあい》、後続車《こうぞくしゃ》に追越《おいこ》しの意思《いし》が見《み》えるが、安全《あんぜん》を考《かんが》えると、対向車《たいこうしゃ》が接近《せっきん》しており危険《きけん》なので、対向車《たいこうしゃ》が行《い》き過《す》ぎてから進路《しんろ》をゆずるようにする。しかし、後続車《こうぞくしゃ》が追越《おいこ》しを始《はじ》めたときは速度《そくど》を上《あ》げず、場合《ばあい》によっては速度《そくど》を落《お》として追《お》い越《こ》させる必要《ひつよう》がある。

対向車《たいこうしゃ》が行《い》き過《す》ぎてから、後続車《こうぞくしゃ》の追越《おいこ》しにあわせて速度《そくど》を落《お》とし、左側《ひだりがわ》に寄《よ》って進路《しんろ》をゆずる。

第《だい》8回実力養成《かいじつりょくようせい》テスト 攻略《こうりゃく》ポイントはココ!

駐車《ちゅうしゃ》と停車《ていしゃ》の違《ちが》いを理解《りかい》しよう

問《とい》22、33、36、45は、「駐停車《ちゅうていしゃ》」に関《かん》する問題《もんだい》。駐車《ちゅうしゃ》と停車《ていしゃ》の定義《ていぎ》は微妙《びみょう》に異《こと》なっている。停車《ていしゃ》とは運転者《うんてんしゃ》が車《くるま》から離《はな》れないで、または、離《はな》れてもただちに運《うん》転《てん》ができる状態《じょうたい》で荷物《にもつ》の積《つ》み下《お》ろしを5分以内《ふんいない》に行《おこな》うことで、ただちに運転《うんてん》できない状態《じょうたい》の場合《ばあい》は5分以内《ふんいない》であっても駐《ちゅう》車《しゃ》になる。自動車《じどうしゃ》の場合《ばあい》は人《ひと》の乗《の》り降《お》りのための停止《ていし》も停車《ていしゃ》になる。この場合《ばあい》、時《じ》間《かん》による制限《せいげん》がないことを覚《おぼ》えておこう。

路線《ろせん》バス優先《ゆうせん》のルールを整理《せいり》!

問《とい》23、32は、「路線《ろせん》バスなどの優先《ゆうせん》」に関《かん》する問題《もんだい》。路線《ろせん》バスが停留所《ていりゅうじょ》から発《はっ》進《しん》するときの保護《ほご》、路線《ろせん》バスの専用通行《せんようつうこう》帯《たい》を通行《つうこう》できる場合《ばあい》、路線《ろせん》バスの優先通《ゆうせんつう》行帯《こうたい》を通行《つうこう》するときのルールについてはしっかり覚《おぼ》えておこう。特《とく》に路線《ろせん》バスの発進《はっしん》の保護《ほご》に関《かん》する特例《とくれい》、路線《ろせん》バスの専《せん》用通行帯《ようつうこうたい》や優先通行帯《ゆうせんつうこうたい》を原動機付自転車《げんどうきつきじてんしゃ》で通行《つうこう》する場合《ばあい》の方法《ほうほう》を理解《りかい》しておく。

第《だい》9回《かい》 実力養成《じつりょくようせい》テスト

■制限時間《せいげんじかん》／30分《ぶん》
■合格《ごうかく》ライン／45点《てん》
・問《とい》1～問《とい》46は、各《かく》1点《てん》
・問《とい》47～問《とい》48は、各《かく》2点《てん》

●次《つぎ》の問題《もんだい》で正《ただ》しいと思《おも》うものは「○」、誤《あやま》っていると思《おも》うものは「×」と答《こた》えなさい。

【問《とい》1】□□
トンネルの中《なか》では、対向車《たいこうしゃ》に注意《ちゅうい》を与《あた》えるため、右側《みぎがわ》の方向指示器《ほうこうしじき》を作動《さどう》させたまま走行《そうこう》したほうがよい。

【問《とい》2】□□
原動機付自転車《げんどうきつきじてんしゃ》は、強制保険《きょうせいほけん》はもちろん、任意保険《にんいほけん》にも加入《かにゅう》していなければ運転《うんてん》してはならない。

【問《とい》3】□□
白《しろ》や黄色《きいろ》のつえを持《も》った人《ひと》が横断《おうだん》していたので、警音器《けいおんき》を鳴《な》らして注意《ちゅうい》を与《あた》え、立《た》ち止《ど》まるのを確《たし》かめてから通過《つうか》した。

【問《とい》4】□□
警察官《けいさつかん》の手信号《てしんごう》で、両腕《りょううで》を横《よこ》に水平《すいへい》に上《あ》げた状態《じょうたい》に対面《たいめん》した車《くるま》は、停止位置《ていしいち》を越《こ》えて進行《しんこう》することはできない。

【問《とい》5】□□
原動機付自転車《げんどうきつきじてんしゃ》で歩行者《ほこうしゃ》のそばを通過《つうか》するときは、歩行者《ほこうしゃ》との間《あいだ》に安全《あんぜん》な間隔《かんかく》をあけるか、徐行《じょこう》しなければならない。

【問《とい》6】□□
図《ず》1の標識《ひょうしき》のあるところでは道路工事《どうろこうじ》のため路面《ろめん》の段差《だんさ》などがあるので注意《ちゅうい》して運転《うんてん》する。

図《ず》1

【問《とい》7】□□
同一方向《どういつほうこう》に進行《しんこう》しながら進路《しんろ》を右《みぎ》に変《か》える場合《ばあい》、後続車《こうぞくしゃ》がいなければ合図《あいず》をする必要《ひつよう》はない。

【問《とい》8】□□
一時停止《いちじていし》の標識《ひょうしき》のあるところでは、停止線《ていしせん》の直前《ちょくぜん》で一時停止《いちじていし》をし、交差《こうさ》する道路《どうろ》を通行《つうこう》する車《くるま》の進行《しんこう》を妨《さまた》げてはならない。

【問《とい》9】□□
対向車《たいこうしゃ》のライトがまぶしいときは、視線《しせん》をやや左前方《ひだりぜんぽう》に移《うつ》すようにする。

解答《かいとう》と解説《かいせつ》

自己採点《じこさいてん》	
1回目《かいめ》	2回目《かいめ》

問《とい》1 ×　ひっかけ

右折《うせつ》や進路変更《しんろへんこう》などをしないのに合図《あいず》をしてはならない。

問《とい》2 ×

強制保険《きょうせいほけん》のみでも運転《うんてん》できるが、万一《まんいち》の場合《ばあい》を考《かんが》え、任意保険《にんいほけん》にも加入《かにゅう》したほうがよい。

問《とい》3 ×　頻出《ひんしゅつ》

白《しろ》や黄色《きいろ》のつえを持《も》った人《ひと》が歩《ある》いている場合《ばあい》は、一時停止《いちじていし》か徐行《じょこう》をして、これらの人《ひと》が安全《あんぜん》に通《とお》れるようにしなければならない。

問《とい》4 ○

警察官《けいさつかん》などが両腕《りょううで》を横《よこ》に水平《すいへい》に上《あ》げたとき、身体《しんたい》の正面《しょうめん》または背面《はいめん》に対面《たいめん》する交通《こうつう》については、信号機《しんごうき》の赤信号《あかしんごう》と同《おな》じ意味《いみ》である。

問《とい》5 ○　頻出《ひんしゅつ》

歩行者《ほこうしゃ》のそばを通《とお》るときは、歩行者《ほこうしゃ》との間《あいだ》に安全《あんぜん》な間隔《かんかく》をあけるか、徐行《じょこう》しなければならない。

問《とい》6 ○

問題《もんだい》の標識《ひょうしき》は「道路工事中《どうろこうじちゅう》」を表示《ひょうじ》している。

問《とい》7 ×　ひっかけ

後続車《こうぞくしゃ》がいなくても合図《あいず》をしなければならない。

問《とい》8 ○

一時停止《いちじていし》の標識《ひょうしき》のあるときは、停止線《ていしせん》の直前《ちょくぜん》で一時停止《いちじていし》するとともに、交差《こうさ》する道路《どうろ》を通行《つうこう》する車《くるま》や路面電車《ろめんでんしゃ》の通行《つうこう》を妨《さまた》げてはならない。

問《とい》9 ○　重要《じゅうよう》

対向車《たいこうしゃ》のライトがまぶしいときは、視線《しせん》をやや左前方《ひだりぜんぽう》に移《うつ》して、目《め》がくらまないようにする。

頻出《ひんしゅつ》……試験《しけん》によく出《で》る問題《もんだい》　ひっかけ……ひっかけ問題《もんだい》　重要《じゅうよう》……理解《りかい》しておきたい問題《もんだい》

【問《とい》10】 原動機付自転車《げんどうきつきじてんしゃ》に積《つ》むことのできる荷物《にもつ》の高《たか》さの限度《げんど》は、荷台《にだい》から2メートルである。

【問《とい》11】 運転中《うんてんちゅう》は、一点《いってん》を注視《ちゅうし》しないで、前方《ぜんぽう》のみを見渡《みわた》す目《め》くばりをしたほうがよい。

【問《とい》12】 図《ず》2の標識《ひょうしき》のある道路《どうろ》では原動機付自転車《げんどうきつきじてんしゃ》は通行《つうこう》できない。

図《ず》2

【問《とい》13】 原付免許《げんつきめんきょ》を受《う》けて1年間《ねんかん》を初心運転者期間《しょしんうんてんしゃきかん》といい、この間《あいだ》に違反《いはん》をして一定《いってい》の基準《きじゅん》に達《たっ》した人《ひと》は免許《めんきょ》の取《と》り消《け》しとなる。

【問《とい》14】 ほかの車《くるま》に追《お》い越《こ》されるときに、追越《おいこ》しをするための十分《じゅうぶん》な余地《よち》がないときは、できるだけ左《ひだり》に寄《よ》り進路《しんろ》をゆずらなければならない。

【問《とい》15】 一方通行《いっぽうつうこう》の道路《どうろ》では、道路《どうろ》の中央《ちゅうおう》から右側部分《みぎがわぶぶん》にはみ出《だ》して通行《つうこう》することができない。

【問《とい》16】 前《まえ》の車《くるま》が交差点《こうさてん》や踏切《ふみきり》の手前《てまえ》で徐行《じょこう》しているときは、その前《まえ》を横《よこ》切《ぎ》ってはならないが、停止《ていし》しているときは、その前《まえ》を横切《よこぎ》ってもよい。

【問《とい》17】 走行中《そうこうちゅう》に携帯電話《けいたいでんわ》を使用《しよう》すると、会話《かいわ》に意識《いしき》が集中《しゅうちゅう》し危険《きけん》を見落《みお》とすことがあるので使《つか》わない。

【問《とい》18】 図《ず》3の標示《ひょうじ》のあるところでは、前方《ぜんぽう》に優先《ゆうせん》道路《どうろ》がある。

図《ず》3

【問《とい》19】 原動機付自転車《げんどうきつきじてんしゃ》は、前方《ぜんぽう》の信号《しんごう》が黄色《きいろ》や赤《あか》色《いろ》であっても、青色《あおいろ》の左折《させつ》の矢印《やじるし》の信号《しんごう》の場合《ばあい》は、矢印《やじるし》の方向《ほうこう》に進《すす》むことができる。

問《とい》10 ×

積荷《つみに》の高《たか》さの限度《げんど》は、地上《ちじょう》から2メートルである。

問《とい》11 ×　頻出《ひんしゅつ》

前方《ぜんぽう》に注意《ちゅうい》するとともに、バックミラーなどによって周囲《しゅうい》の交通《こうつう》にも目《め》をくばる。

問《とい》12 ○

問題《もんだい》の標識《ひょうしき》は「車両《しゃりょう》（組合《くみあわ》せ）通行止《つうこうど》め」を表示《ひょうじ》しているので、自動《じどう》車《しゃ》（自動二輪車《じどうにりんしゃ》も含《ふく》む）と原動機付自転車《げんどうきつきじてんしゃ》は通行《つうこう》できない。

問《とい》13 ×

原付免許《げんつきめんきょ》を受《う》けて1年間《ねんかん》を初心運転者期間《しょしんうんてんしゃきかん》といい、この間《あいだ》に違反《いはん》をして一定《いってい》の基準《きじゅん》に達《たっ》した人《ひと》は初心運転者講習《しょしんうんてんしゃこうしゅう》を受《う》けなければならない。

問《とい》14 ○　重要《じゅうよう》

追越《おいこ》しに十分《じゅうぶん》な余地《よち》がない場合《ばあい》はできるだけ左《ひだり》に寄《よ》って進路《しんろ》をゆずらなければならない。

問《とい》15 ×　ひっかけ

一方通行《いっぽうつうこう》の道路《どうろ》では、道路《どうろ》の右側《みぎがわ》を通行《つうこう》することができる。

問《とい》16 ×　ひっかけ

前《まえ》の車《くるま》が交差点《こうさてん》や踏切《ふみきり》の手前《てまえ》で停止《ていし》や徐行《じょこう》をしているときは、その前《まえ》に割《わ》り込《こ》んだり、横切《よこぎ》ったりしてはならない。

問《とい》17 ○

走行中《そうこうちゅう》に携帯電話《けいたいでんわ》を使用《しよう》すると、周囲《しゅうい》の交通《こうつう》の状況《じょうきょう》などに対《たい》する注意《ちゅうい》が不十分《ふじゅうぶん》になるので使《つか》わない。

問《とい》18 ○

問題《もんだい》の標示《ひょうじ》は「前方優先道路《ぜんぽうゆうせんどうろ》」を表示《ひょうじ》している。

問《とい》19 ○

青色《あおいろ》の左折《させつ》の矢印《やじるし》の信号《しんごう》のある交差点《こうさてん》では左折《させつ》することができる。

【問《とい》20】 □□
雨《あめ》にぬれたアスファルトの路面《ろめん》では、車《くるま》の制動距離《せいどうきょり》は短《みじか》くなるので、強《つよ》くブレーキをかけるとよい。

【問《とい》21】 □□
後《うし》ろの車《くるま》が自分《じぶん》の車《くるま》を追《お》い越《こ》そうとしているとき、前《まえ》の車《くるま》の追越《おいこ》しを始《はじ》めてはならない。

【問《とい》22】 □□
広《ひろ》い道路《どうろ》で右折《うせつ》をしようとするときは、左側車線《ひだりがわしゃせん》から中央寄《ちゅうおうよ》りの車線《しゃせん》に一気《いっき》に移動《いどう》しなければならない。

【問《とい》23】 □□
長《なが》い下《くだ》り坂《ざか》では、ガソリンを節約《せつやく》するため、エンジンを止《と》め、ギアをニュートラルにして、ブレーキを使用《しよう》したほうがよい。

【問《とい》24】 □□
図《ず》4の標識《ひょうしき》のあるところでは、横断《おうだん》する歩《ほ》行者《こうしゃ》や自転車《じてんしゃ》が明《あき》らかにいなければそのまま通過《つうか》することができる。

図《ず》4

【問《とい》25】 □□
子《こ》どもがひとりで歩《ある》いていたので、安全《あんぜん》に通《とお》れるように一時停止《いちじていし》をした。

【問《とい》26】 □□
水《みず》たまりを通過《つうか》するときは、徐行《じょこう》するなどして歩行者《ほこうしゃ》などに泥水《どろみず》がかからないようにしなければならない。

【問《とい》27】 □□
道路《どうろ》が混雑《こんざつ》しているときに原動機付自転車《げんどうきつきじてんしゃ》で路側帯《ろそくたい》を通行《つうこう》した。

【問《とい》28】 □□
バスの停留所《ていりゅうじょ》の標示板《ひょうじばん》（柱《はしら》）から10メートル以内《いない》の場所《ばしょ》では、停《てい》車《しゃ》はできるが駐車《ちゅうしゃ》はできない。

【問《とい》29】 □□
前《まえ》の車《くるま》に続《つづ》いて踏切《ふみきり》を通過《つうか》するときは、一時停止《いちじていし》をしなくてもよい。

図《ず》5

【問《とい》30】 □□
図《ず》5の標示《ひょうじ》のある交差点《こうさてん》では、普通自転車《ふつうじてんしゃ》は、この標示《ひょうじ》を越《こ》えて交差点《こうさてん》に進入《しんにゅう》することは禁止《きんし》されている。

問《とい》20 ×	ひっかけ	雨《あめ》にぬれた道路《どうろ》を走《はし》る場合《ばあい》には制動距離《せいどうきょり》は長《なが》くなるとともにスリップしやすいので、急《きゅう》ブレーキは禁物《きんもつ》である。
問《とい》21 ○		後《うし》ろの車《くるま》が自分《じぶん》の車《くるま》を追《お》い越《こ》そうとしているときには、前《まえ》の車《くるま》の追越《おいこ》しは禁止《きんし》されている。
問《とい》22 ×	頻出《ひんしゅつ》	幅《はば》の広《ひろ》い道路《どうろ》で右折《うせつ》するときは、徐々《じょじょ》に中央寄《ちゅうおうよ》りの車線《しゃせん》に移《うつ》るようにする。
問《とい》23 ×	ひっかけ	長《なが》い下《くだ》り坂《ざか》で、ブレーキをひんぱんに使《つか》うと、急《きゅう》にブレーキがきかなくなることがある。
問《とい》24 ○	重要《じゅうよう》	問題《もんだい》の標識《ひょうしき》は「横断歩道《おうだんほどう》・自転車横断帯《じてんしゃおうだんたい》」を表示《ひょうじ》しているので、横断《おうだん》する歩行者《ほこうしゃ》や自転車《じてんしゃ》がいるときは一時停止《いちじていし》をし、明《あき》らかにいなければそのまま通過《つうか》することができる。
問《とい》25 ○	頻出《ひんしゅつ》	子《こ》どもがひとりで歩《ある》いているときは、一時停止《いちじていし》か徐行《じょこう》をして、安全《あんぜん》に通《とお》れるようにしなければならない。
問《とい》26 ○	頻出《ひんしゅつ》	水《みず》がたまっているところで、歩行者《ほこうしゃ》のそばや店先《みせさき》などを通行《つうこう》するときは、速度《そくど》を落《お》とし、泥水《どろみず》をかけないようにする。
問《とい》27 ×		原動機付自転車《げんどうきつきじてんしゃ》は歩道《ほどう》や路側帯《ろそくたい》、自転車道《じてんしゃどう》などを通行《つうこう》することはできない。
問《とい》28 ×	ひっかけ	バスの停留所《ていりゅうじょ》の標示板《ひょうじばん》（柱《はしら》）から10メートル以内《いない》の場所《ばしょ》では、運行《うんこう》時間中《じかんちゅう》に限《かぎ》り、停車《ていしゃ》も駐車《ちゅうしゃ》もしてはならない。
問《とい》29 ×		踏切《ふみきり》を前《まえ》の車《くるま》に続《つづ》いて通過《つうか》するときでも、一時停止《いちじていし》をし、安全《あんぜん》を確《たし》かめなければならない。
問《とい》30 ○		問題《もんだい》の標示《ひょうじ》は「普通自転車《ふつうじてんしゃ》の交差点進入禁止《こうさてんしんにゅうきんし》」を表示《ひょうじ》している。

【問《とい》31】 信号機《しんごうき》のあるところでは前方《ぜんぽう》の信号《しんごう》に従《したが》うべきであって、横《よこ》の信《しん》号《ごう》が赤色《あかいろ》になったからといって発進《はっしん》してはならない。

【問《とい》32】 路線《ろせん》バスなどの優先通行帯《ゆうせんつうこうたい》は、路線《ろせん》バスのほか軽車両《けいしゃりょう》だけが通行《つうこう》できる。

【問《とい》33】 原動機付自転車《げんどうきつきじてんしゃ》を運転《うんてん》する場合《ばあい》は、乗車用《じょうしゃよう》ヘルメットをかぶらなければならない。

【問《とい》34】 交差点付近《こうさてんふきん》の横断歩道《おうだんほどう》のない道《みち》を歩行者《ほこうしゃ》が横断《おうだん》していたので、警《けい》音器《おんき》を鳴《な》らして横断《おうだん》を中止《ちゅうし》させて通過《つうか》した。

【問《とい》35】 坂《さか》の頂上付近《ちょうじょうふきん》は、駐車《ちゅうしゃ》も停車《ていしゃ》も禁止《きんし》されている。

【問《とい》36】 図《ず》6の標識《ひょうしき》のある交差点《こうさてん》でも、原動機付自《げんどうきつきじ》転車《てんしゃ》は二段階《にだんかい》で右折《うせつ》することができる。

図《ず》6

【問《とい》37】 エンジンを切《き》った原動機付自転車《げんどうきつきじてんしゃ》を押《お》して歩《ある》く場合《ばあい》は、車両用《しゃりょうよう》の信号《しんごう》に従《したが》って通行《つうこう》する。

【問《とい》38】 原動機付自転車《げんどうきつきじてんしゃ》の法定最高速度《ほうていさいこうそくど》は30キロメートル毎時《まいじ》である。

【問《とい》39】 夜間《やかん》、原動機付自転車《げんどうきつきじてんしゃ》はほかの運転者《うんてんしゃ》から見《み》えにくいので、なるべく目《め》につきやすい服装《ふくそう》にするとよい。

【問《とい》40】 交通事故《こうつうじこ》を起《お》こしたときは、負傷者《ふしょうしゃ》の救護《きゅうご》より先《さき》に警察官《けいさつかん》や家族《かぞく》に電話《でんわ》で報告《ほうこく》しなければならない。

【問《とい》41】 二輪車《にりんしゃ》のブレーキレバーを握《にぎ》ったところ20ミリメートルぐらいの遊《あそ》びがあったので、そのまま運転《うんてん》した。

問《とい》31 ○

前方《ぜんぽう》の信号機《しんごうき》の信号《しんごう》を見《み》る。

問《とい》32 × 頻《ひん》出《しゅつ》

路線《ろせん》バスなどの優先通行帯《ゆうせんつうこうたい》は、自動車《じどうしゃ》や原動機付自転車《げんどうきつきじてんしゃ》も通行《つうこう》できる。

問《とい》33 ○ 頻《ひん》出《しゅつ》

二輪車《にりんしゃ》を運転《うんてん》するときは、ＰＳ（ｃ）マークかＪＩＳマークの付《つ》いた乗車用《じょうしゃよう》ヘルメットを着用《ちゃくよう》しなければならない。

問《とい》34 × ひっかけ

横断歩道《おうだんほどう》のない交差点《こうさてん》などを歩行者《ほこうしゃ》が横断《おうだん》しているときは、その通行《つうこう》を妨《さまた》げてはならない。

問《とい》35 ○

坂《さか》の頂上付近《ちょうじょうふきん》は駐停車禁止《ちゅうていしゃきんし》場所《ばしょ》である。

問《とい》36 ×

問題《もんだい》の標識《ひょうしき》は「原動機付自転車《げんどうきつきじてんしゃ》の右折方法《うせつほうほう》（小回《こまわ》り）」を表示《ひょうじ》しているので、原動機付自転車《げんどうきつきじてんしゃ》は小回《こまわ》り右折《うせつ》しなければならない。

問《とい》37 × ひっかけ

エンジンを切《き》り、二輪車《にりんしゃ》を押《お》して歩《ある》くときは、歩行者《ほこうしゃ》として扱《あつか》われるので、歩行者用信号《ほこうしゃようしんごう》に従《したが》って通行《つうこう》する。

問《とい》38 ○

原動機付自転車《げんどうきつきじてんしゃ》の法定最高速度《ほうていさいこうそくど》は30キロメートル毎時《まいじ》である。

問《とい》39 ○ 重《じゅう》要《よう》

夜間《やかん》は、反射性《はんしゃせい》の衣服《いふく》または反射材《はんしゃざい》のついた乗車用《じょうしゃよう》ヘルメットを着用《ちゃくよう》するなど、ほかの運転者《うんてんしゃ》から目《め》につきやすくする。

問《とい》40 × ひっかけ

交通事故《こうつうじこ》を起《お》こした場合《ばあい》は、まず、事故《じこ》の続発《ぞくはつ》を防《ふせ》ぐため安全《あんぜん》な場所《ばしょ》に車《くるま》を移《うつ》すとともに負傷者《ふしょうしゃ》の救護《きゅうご》を行《おこな》う。

問《とい》41 ○

二輪車《にりんしゃ》の点検《てんけん》では、ブレーキレバー、ブレーキペダル、チェーンの遊《あそ》びは20～30ミリメートルが適当《てきとう》である。

【問《とい》42】 □□

図《ず》7の標識《ひょうしき》のある場所《ばしょ》は危険物《きけんぶつ》の貯蔵所《ちょぞうしょ》などがあるので、注意《ちゅうい》して運転《うんてん》しなければならないことを示《しめ》している。

図《ず》7

【問《とい》43】 □□

雨《あめ》の降《ふ》り始《はじ》めの舗装道路《ほそうどうろ》や工事現場《こうじげんば》の鉄板《てっぱん》などは、すべりやすいので注意《ちゅうい》したほうがよい。

【問《とい》44】 □□

カーブの手前《てまえ》では、徐行《じょこう》しなければならない。

【問《とい》45】 □□

不必要《ふひつよう》な急発進《きゅうはっしん》や急《きゅう》ブレーキ、空《から》ぶかしは危険《きけん》なばかりでなく、交通公害《こうつうこうがい》のもととなる。

【問《とい》46】 □□

停止位置《ていしいち》に近《ちか》づいたときに、信号《しんごう》が青色《あおいろ》から黄色《きいろ》に変《か》わったが、後続車《こうぞくしゃ》があり急停止《きゅうていし》すると追突《ついとつ》される危険《きけん》を感《かん》じたので、停止《ていし》せずに交差点《こうさてん》を通《とお》り過《す》ぎた。

問《とい》42 ×

問題《もんだい》の標識《ひょうしき》は「危険物積載車両通行止《きけんぶつせきさいしゃりょうつうこうど》め」を表示《ひょうじ》しているので、火薬《かやく》類《るい》、爆発物《ばくはつぶつ》、毒物《どくぶつ》・劇物《げきぶつ》などの危険物《きけんぶつ》を積載《せきさい》する車《くるま》は通行《つうこう》できない。

問《とい》43 頻出《ひんしゅつ》 ○

雨《あめ》の降《ふ》り始《はじ》めの舗装道路《ほそうどうろ》や工事現場《こうじげんば》の鉄板《てっぱん》、路面電車《ろめんでんしゃ》のレール、マンホールのふたなどはすべりやすいので、注意《ちゅうい》しなければならない。

問《とい》44 ひっかけ ×

カーブの手前《てまえ》の直線部分《ちょくせんぶぶん》であらかじめ十分《じゅうぶん》に速度《そくど》を落《お》とし安全《あんぜん》な速度《そくど》で通行《つうこう》するようにする。徐行《じょこう》の規定《きてい》はない。

問《とい》45 ○

急発進《きゅうはっしん》、急《きゅう》ブレーキや空《から》ぶかしを行《おこな》ったり、継続的《けいぞくてき》に停止《ていし》するときにアイドリング状態《じょうたい》を続《つづ》けると交通公害《こうつうこうがい》のもととなる。

問《とい》46 重要《じゅうよう》 ○

黄色《きいろ》の灯火《とうか》に変《か》わったときに停止位置《ていしいち》に近《ちか》づいていて、安全《あんぜん》に停止《ていし》することができない場合《ばあい》は、そのまま進《すす》むことができる。

第《だい》9回実力養成《かいじつりょくようせい》テスト 攻略《こうりゃく》ポイントはココ！

原動機付自転車《げんどうきつきじてんしゃ》のルールや特性《とくせい》を知《し》っておこう

問《とい》10、33、37、38、39、41は、「原動機付自転車《げんどうきつきじてんしゃ》」に関《かん》する問題《もんだい》。原動《げんどう》機付自転車《きつきじてんしゃ》を運転《うんてん》するうえで二輪車《にりんしゃ》を運《うん》転《てん》するときのルールや特性《とくせい》をしっかり覚《おぼ》えておこう。「原動機付自転車《げんどうきつきじてんしゃ》の交差点《こうさてん》での右折方法《うせつほうほう》」、「四輪車《よんりんしゃ》とは違《ちが》う運転方《うんてんほう》法《ほう》」、「エンジンを止《と》めて押《お》して歩《ある》くときのルール」などはよく出題《しゅつだい》されている。

信号《しんごう》の種類《しゅるい》と意味《いみ》は重要問題《じゅうようもんだい》！しっかり理解《りかい》しておこう

問《とい》19、31、46は、「信号《しんごう》」に関《かん》する問題《もんだい》。信号《しんごう》には車全体《くるまぜんたい》に関《かん》するもの、歩《ほ》行者《こうしゃ》や自転車《じてんしゃ》などに関《かん》するもの、自動車《じどうしゃ》に関《かん》するもの、原動機付自転車《げんどうきつきじてんしゃ》に関《かん》するもの、路面電車《ろめんでんしゃ》に関《かん》するものがある。特《とく》に「交差点《こうさてん》の直前《ちょくぜん》で信号《しんごう》が青《あお》から黄色《きいろ》に変《か》わったときの運転方法《うんてんほうほう》」はよく出題《しゅつだい》されているので、理解《りかい》しておくようにする。

【問《とい》47】 15km/hで進行《しんこう》しています。信号《しんごう》が青《あお》の交差点《こうさてん》で右折《うせつ》するとき、どのようなことに注意《ちゅうい》して運転《うんてん》しますか？

（1）□□ (1) 自動車《じどうしゃ》が停止《ていし》してライトをパッシングしてくれているので、急《いそ》いで交差点《こうさてん》を右折《うせつ》する。

（2）□□ (2) 自動車《じどうしゃ》のかげに二輪車《にりんしゃ》がいるので、その二輪車《にりんしゃ》が交差点《こうさてん》を通過《つうか》してから、急《いそ》いで交差点《こうさてん》を右折《うせつ》する。

（3）□□ (3) 自動車《じどうしゃ》のかげにいる二輪車《にりんしゃ》の動《うご》きと横断中《おうだんちゅう》の歩行者《ほこうしゃ》の動《うご》きに注意《ちゅうい》して、右折《うせつ》する。

【問《とい》48】 30km/hで進行《しんこう》しています。どのようなことに注意《ちゅうい》して運転《うんてん》しますか？

（1）□□ (1) 路面《ろめん》の状態《じょうたい》や障害物《しょうがいぶつ》に注意《ちゅうい》しながら、速度《そくど》を十分《じゅうぶん》に落《お》としてからカーブに入《はい》る。

（2）□□ (2) カーブの途中《とちゅう》で障害物《しょうがいぶつ》を発見《はっけん》したときは、車体《しゃたい》が傾《かたむ》いている（バンク）状態《じょうたい》でも急《きゅう》ブレーキをかける。

（3）□□ (3) カーブの途中《とちゅう》で中央線《ちゅうおうせん》をはみ出《だ》さないように、車線《しゃせん》の左側《ひだりがわ》に寄《よ》って速度《そくど》を落《お》として進行《しんこう》する。

問《とい》47

(1) ×

(2) ×

(3) ○

●対向車線《たいこうしゃせん》の車《くるま》がパッシングにより進路《しんろ》をゆずってくれたときでも、その車《くるま》のわきから二輪車《にりんしゃ》などが交差点内《こうさてんない》に進入《しんにゅう》してくることが考《かんが》えられるので、安全《あんぜん》を確認《かくにん》できる速度《そくど》で進行《しんこう》することが必要《ひつよう》である。

●また、右折方向《うせつほうこう》の歩行者《ほこうしゃ》の動《うご》きにも注意《ちゅうい》が必要《ひつよう》である。

自動車《じどうしゃ》のかげの二輪車《にりんしゃ》や横断歩道《おうだんほどう》を横断中《おうだんちゅう》の歩行者《ほこうしゃ》の動《うご》きに注意《ちゅうい》して右折《うせつ》する。

問《とい》48

(1) ○

(2) ×

(3) ○

●見通《みとお》しの悪《わる》いカーブでは、見《み》えないところに駐車車両《ちゅうしゃしゃりょう》や道路工事《どうろこうじ》などの障害物《しょうがいぶつ》があったり、対向車《たいこうしゃ》が中央線《ちゅうおうせん》をはみ出《だ》してくる場合《ばあい》もあるので、速度《そくど》を落《お》とした慎重《しんちょう》な運転《うんてん》が必要《ひつよう》である。また、スピードを出《だ》し過《す》ぎると対向車線《たいこうしゃせん》に飛《と》び出《だ》してしまうことがあるので、速度《そくど》を落《お》としてからカーブに進入《しんにゅう》するようにする。カーブで車体《しゃたい》が傾《かたむ》いている場合《ばあい》のブレーキングは、バランスを崩《くず》す原因《げんいん》になる。

見通《みとお》しの悪《わる》いカーブでは、見《み》えないところに障害物《しょうがいぶつ》があったり、対向車《たいこうしゃ》が中央線《ちゅうおうせん》をはみ出《だ》してくることもあるので、車線《しゃせん》の左側《ひだりがわ》に寄《よ》って速度《そくど》を落《お》として進行《しんこう》する。

実力養成《じつりょくようせい》テスト 解答用《かいとうよう》マークシート

問題《もんだい》について、正《ただ》しいと思《おも》うものは「正《せい》」のワクの中《なか》を、
誤《あやま》っていると思《おも》うものは「誤《ご》」のワクの中《なか》をぬりつぶしなさい。

第《だい》　回《かい》　　点《てん》　　実施日《じっしび》／　年《ねん》　月《がつ》　日《にち》

問	1	2	3	4	5	6	7	8	9	10	11	12	13	14	15	16	17	18	19	20	21	22	23	24	25
正																									
誤																									

問	26	27	28	29	30	31	32	33	34	35	36	37	38	39	40	41	42	43	44	45	46	47			48		
																						(1)	(2)	(3)	(1)	(2)	(3)
正																											
誤																											

第《だい》　回《かい》　　点《てん》　　実施日《じっしび》／　年《ねん》　月《がつ》　日《にち》

問	1	2	3	4	5	6	7	8	9	10	11	12	13	14	15	16	17	18	19	20	21	22	23	24	25
正																									
誤																									

問	26	27	28	29	30	31	32	33	34	35	36	37	38	39	40	41	42	43	44	45	46	47			48		
																						(1)	(2)	(3)	(1)	(2)	(3)
正																											
誤																											

下記《かき》の答案用紙《とうあんようし》をコピーして学科試験《がっかしけん》のマークシート対策《たいさく》に活用《かつよう》しましょう。試験本番《しけんほんばん》でのつまらない「ぬりつぶし」のミスなどもなくなり、「一発合格《いっぱつごうかく》」を可能《かのう》にする近道《ちかみち》となります。

◆本試験用答案用紙《ほんしけんようとうあんようし》への記入《きにゅう》に当《あ》たっての注意《ちゅうい》

❶鉛筆《えんぴつ》は「B」か「HB」を使用《しよう》します。
❷マークはワク内《ない》に太《ふと》く、濃《こ》くぬりつぶしましょう。
❸マークを消《け》すときは、消《け》しゴムできれいに消《け》しましょう。

第《だい》　回《かい》　　点《てん》　　実施日《じっしび》／　年《ねん》　月《がつ》　日《にち》

問	1	2	3	4	5	6	7	8	9	10	11	12	13	14	15	16	17	18	19	20	21	22	23	24	25
正																									
誤																									

問	26	27	28	29	30	31	32	33	34	35	36	37	38	39	40	41	42	43	44	45	46	47			48		
																						(1)	(2)	(3)	(1)	(2)	(3)
正																											
誤																											

第《だい》　回《かい》　　点《てん》　　実施日《じっしび》／　年《ねん》　月《がつ》　日《にち》

問	1	2	3	4	5	6	7	8	9	10	11	12	13	14	15	16	17	18	19	20	21	22	23	24	25
正																									
誤																									

問	26	27	28	29	30	31	32	33	34	35	36	37	38	39	40	41	42	43	44	45	46	47			48		
																						(1)	(2)	(3)	(1)	(2)	(3)
正																											
誤																											

● 編集協力
有限会社ヴュー企画

● 本文イラスト
ドリームアート（PART1）
荒井孝昌（PART2）

● 本文デザイン・DTP
編集室クルー

スピード合格！
原付免許早わかり問題集

著　者／学科試験問題研究所
発行者／永岡純一
発行所／株式会社永岡書店
〒176-8518　東京都練馬区豊玉上1-7-14
☎ 03（3992）5155（代表）
☎ 03（3992）7191（編集部）

印刷／ダイオープリンティング
製本／ヤマナカ製本

ISBN978-4-522-46148-8　C3065
●落丁本・乱丁本はお取り替えいたします。⑥